三相异步电动机检修实训

主　编　刘禹良　苏　渊　郭剑峰
副主编　徐永平　袁欣平　雷　一
主　审　伍家洁

重庆大学出版社

内容提要

全书围绕三相异步电动机的检修工作展开,共分为 4 个项目,分别为三相异步电动机的拆卸与组装;三相异步电动机的检测与试验;三相异步电动机的运行与维护以及三相异步电动机的故障检查与维修。

本书适用于高职高专院校《电机学》课程异步电动机部分的理实一体化教学,也可供工程技术人员和电动机维修人员参考。

图书在版编目(CIP)数据

三相异步电动机检修实训/刘禹良,苏渊,郭剑峰主编.—重庆:
重庆大学出版社,2015.8(2025.1 重印)
国家骨干高职院校规划教材
ISBN 978-7-5624-9346-4

Ⅰ.①三… Ⅱ.①刘…②苏…③郭… Ⅲ.①三相异步电动机—检修
—高等职业教育—教材 Ⅳ.①TM343.07

中国版本图书馆 CIP 数据核字(2015)第 169834 号

三相异步电动机检修实训

主 编 刘禹良 苏 渊 郭剑峰
副主编 徐永平 袁欣平 雷 一
主 审 伍家洁

策划编辑:周 立

责任编辑:陈 力 版式设计:周 立
责任校对:贾 梅 责任印制:张 策
*
重庆大学出版社出版发行
出版人:陈晓阳
社址:重庆市沙坪坝区大学城西路 21 号
邮编:401331
电话:(023)88617190 88617185(中小学)
传真:(023)88617186 88617166
网址:http://www.cqup.com.cn
邮箱:fxk@cqup.com.cn(营销中心)
全国新华书店经销
重庆市圣立印刷有限公司印刷
*
开本:787mm×1092mm 1/16 印张:5 字数:112 千
2015 年 8 月第 1 版 2025 年 1 月第 3 次印刷
ISBN 978-7-5624-9346-4 定价:15.00 元

前 言

　　三相异步电动机具有结构简单、使用方便、运行可靠、效率较高、成本低廉等优点,且具备转速接近于恒速的负载特性,能满足绝大部分工农业生产机械的拖动要求,故其在各类电机当中产量最大,应用最广。由于电动机长期运行,绝缘老化、工作环境恶劣、缺相运行、受潮、短路或开路等原因,均可能使电动机损坏。为保证电动机正常运行,提高劳动生产率,必须对电动机进行检修。

　　本课程也是《电机学》课程教学标准规定的教学内容。通过实际操作,可强化《电机学》理论知识,提高分析解决问题的能力,培养团队合作精神,为以后的工作打下重要的理实基础。

　　由于电动机类型多样性,零部件繁多,其检修工艺复杂,操作要求严格,不仅需要大量的理论知识,更需要很强的实际动手能力。本教材注重电动机检修工艺的介绍和操作技能的培养,具有较强的实用性,主要内容包括:三相异步电动机的拆卸与组装、三相异步电动机的检测与试验、三相异步电动机的运行与维护、三相异步电动机的故障检查与维修。

　　本教材适用于高职高专院校《电机学》课程三相异步电动机部分的理实一体化教学,也可供工程技术人员和电动机维修人员参考。

　　在本教材的编写过程中,重庆电力高等专科学校丁力、杨朝庆提出了大量宝贵的修改意见,同时,广东粤电长湖发电有限责任公司袁欣平;重庆电力科学研究院张为、赵利明;重庆市电力公司江北供电局雷　　为本书的操作部分提供了大量的现场资料,在此一并表示感谢。

本教材编写过程中参考引用了大量文献资料,在此向这些文献资料的作者表示衷心的感谢!

由于编者水平所限,书中难免存在疏漏之处,恳请专家和读者批评指正。

编　者

2015 年 1 月

目 录

项目一
三相异步电动机的拆卸与组装

知识目标

了解电动机各种拆装工具的作用;掌握电动机的拆装方法;掌握电动机定子绕组的嵌线工艺及重换绕组后的浸漆与烘干方法。

能力目标

能正确识别并使用各种拆装工具,完成三相异步电动机的拆装;能正确计算定子绕组的相关参数,制订正确的嵌线顺序并完成其更换。

安全注意事项

1. 进入检修现场时,工作人员应穿戴好防护用品,且衣服袖口必须扣好,不能戴围巾,女工作人员的长发必须盘在安全帽内。

2. 拆除电机线前先验电,验明无电后方可拆线,并做好接线相序记录。

3. 拆卸电动机时注意做好相关配件的记号,以便于装配。

4. 电动机检修过程中小心使用各种工具、刀具,避免对自身造成伤害。

5. 翻转电动机时要小心,防止砸伤手脚。

6. 在拆卸和安装转子的过程中,应注意保持其平稳,防止损伤端部线圈和铁芯。

7. 测量轴承游隙后应做好相应记录,轴承加油应适量。

8. 电动机绕组装配时注意不要损伤线圈,且极性要连接正确。

9. 绕组浸漆时工作人员应戴防护面具。

10. 拆开的引线应用铁丝短路并接地,防止误送电造成人身伤亡。

11. 在移动和拆装电动机的过程中,转子端部线圈、鼠笼条端环及风扇不得作为着力点及支撑点。

12. 拆卸电动机时,所拆下的螺丝垫圈及其他零部件要做好标记,妥善保存,以备装复使用;转子装配前应仔细检查定子膛内,防止金属小用具、垫圈、锯条等物品遗留于内。

13. 电动机通电试运转时,须认真观察各项数据及电动机转动情况,做好相关的试转参数记录。

三相异步电动机在运行过程中,由于使用不当等原因,可能发生各种各样的故障,轻则影响电动机的正常运行,降低劳动生产率;重则造成人身事故或其他严重后果。因此,对电动机故障后的修理及日常维护,是相关工作人员必须熟练掌握的技能。

为完成电动机的修理和维护工作,需要对其部分或所有结构进行拆卸。在拆卸前应对电动机进行全面的检查,以查明故障范围及产生故障的原因。在拆卸过程中应进一步核实故障点,并详细记下有关原始数据,以便精确地认定电动机的修理范围。

作为电动机的能量输入部位,定子绕组的修理是电动机修理的重要工作内容之一。当定子绕组发生严重的短路、断路、接地等故障时,或电动机需要改极、增容时,就必须将其更换并重新浸漆、烘干。定子绕组的拆卸和装配有相当严格的要求,若操作不当可能会导致更为严重的后果,如铁芯损坏。

电动机的维护和修理工作完成后,应将其装配好。本项目以三相鼠笼式异步电动机为例,说明电动机拆装及定子绕组更换、浸漆与烘干的方法。

任务一　常用工具的识别及使用

【任务描述】电动机的拆装及绕组更换过程中要用到多种专用工具,修理人员应充分熟悉每种工具的外形、规格及作用,根据不同的使用场合正确选用工具。

电动机拆卸前应做好准备工作,包括:用压缩空气或皮老虎吹净电动机表面的灰尘,将电动机表面污垢擦拭干净,准备好需要的拆卸工具,做好拆卸前的原始数据记录,在电动机上做好位置标记,并检查电动机的外部结构情况,方可进行拆卸操作。现将电动机拆装及定子绕组更换过程中常用的工具及其作用介绍如下。

1. 拉具

拉具如图 1.1 所示,用于联轴器(或皮带轮)与轴承的拆卸。

图 1.1　拉具

2. 油盘

油盘如图 1.2 所示,用于盛装液体,清洗轴承、转子等。

图 1.2　油盘

3. 活动扳手

活动扳手如图 1.3 所示,用于六角螺丝的拆卸和紧固。

图 1.3　活动扳手

4. 铁锤

铁锤如图 1.4 所示,用于电动机拆装过程中的敲打。

图 1.4　铁锤

5. 平口螺丝刀

平口螺丝刀如图 1.5 所示,用于拆卸和紧固平口螺丝。

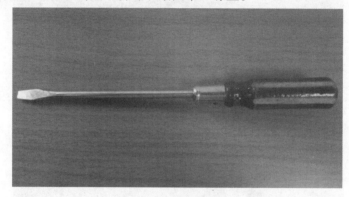

图 1.5　平口螺丝刀

6. 紫铜棒

紫铜棒如图 1.6 所示,电动机某些部位不能直接用铁锤敲打,须垫上紫铜棒,起到传力的作用。

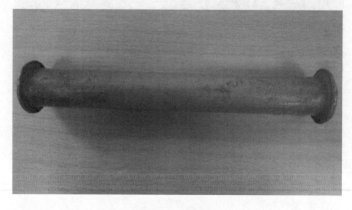

图 1.6　紫铜棒

7.钢铜套

钢铜套如图1.7所示,在拆卸轴承时,其用于将力均匀传递到轴承圆周上。

图1.7　钢铜套

8.毛刷

毛刷如图1.8所示,用于清洁电动机外壳和定子铁芯。

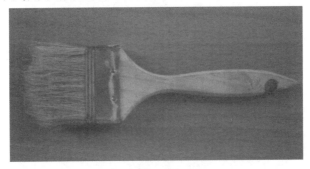

图1.8　毛刷

9.外圆卡圈钳

外圆卡圈钳如图1.9所示,用于风扇外卡环的拆装。

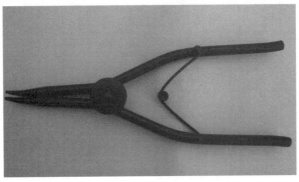

图1.9　外圆卡圈钳

10. 内圆卡圈钳

内圆卡圈钳如图 1.10 所示,用于风扇内卡环的拆装。

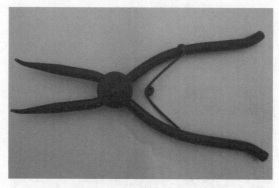

图 1.10　内圆卡圈钳

11. 木槌

木槌如图 1.11 所示,用于敲打不能用铁锤敲打的电动机某些部位,如定子绕组端部整形。

图 1.11　木槌

12. 500 V 兆欧表

500 V 兆欧表如图 1.12 所示,用于测量定子绕组绝缘电阻。

图 1.12　500 V 兆欧表

13. 汽油喷灯

汽油喷灯如图 1.13 所示,用于加热,如拆卸轴承前先对轴承加热,便于拆卸。

图 1.13　汽油喷灯

14. 电工刀

电工刀如图 1.14 所示,用于绕组嵌线工具(如压线板、打板等)的制作及绝缘材料的裁剪。

图 1.14　电工刀

15. 手动葫芦

手动葫芦如图 1.15 所示,属起重设备,在吊装时使用。

图 1.15　手动葫芦

16. 打板

打板如图 1.16 所示,其由硬木制成,用于定子绕组重绕后,整理定子绕组端部呈喇叭口。

图 1.16　打板

17. 手术弯头长柄剪刀

手术弯头长柄剪刀如图 1.17 所示,用于在定子绕组嵌线过程中剪去引槽纸及修剪相间绝缘纸。

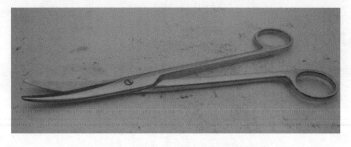

图 1.17　手术弯头长柄剪刀

18.压线板

压线板如图1.18所示,又称压线脚、线压子,一般用钢板制成,用于压紧定子铁芯槽内的电磁线,以便槽绝缘封口和打入槽楔。一般其压脚宽度为槽上部宽度减去0.6~0.7 mm为宜,长度以30~60 mm为宜。

图1.18　压线板

19.划线板

划线板又称滑线板、理线板,如图1.19所示,一般由层压玻璃布板或竹板制成。定子绕组嵌线时,可用其劈开槽口的绝缘纸,把堆积在槽口的电磁线理顺,并推向槽内两侧,使槽外的电磁线容易入槽。

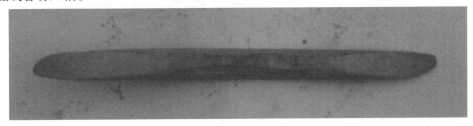

图1.19　划线板

20.整形条

整形条如图1.20所示,用于定子绕组嵌入后的端部整形。

图1.20　整形条

21. 穿针

穿针如图 1.21 所示,定子绕组电磁线入槽后,其用于封槽时折叠槽绝缘,以便打入槽楔。

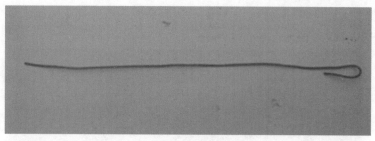

图 1.21　穿针

22. 刮线刀

刮线刀如图 1.22 所示,用于定子绕组接头处理时刮除电磁线外包绝缘等。

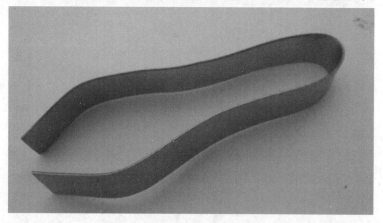

图 1.22　刮线刀

23. 清槽钢丝刷

清槽钢丝刷如图 1.23 所示,用于定子绕组拆除后槽内残余绝缘及纸屑、漆瘤等的清理。

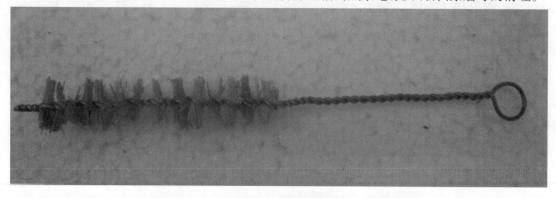

图 1.23　清槽钢丝刷

任务二 电动机的拆装

【任务描述】为完成电动机的修理和维护工作,需要对其部分或所有结构进行拆卸。待维护和修理工作完成后,应将其装配好,并进行相关检验,检验正常方能通电使用。

1.电动机拆卸前的准备工作

电动机发生故障需要修理时,应先对其进行全面检查,以查明故障原因及范围,从而确定电动机修理工作的内容。检查内容包括:检查电动机的机壳与端盖是否有变形、裂缝和破损;检查转子的轴向游隙;用手转动电动机转子,观察其能否转动;测量绕组及电动机各部分的绝缘电阻,明确绝缘是否有损坏;测量绕组的直流电阻以确定故障性质;检查定、转子间的气隙;检查轴承间隙以测定其磨损程度;最后通电空载运转以查看电动机的运行状态。

待故障性质和故障范围初步确定后,还应详细记录有关原始数据,并用笔在电动机的相应位置做好标记,防止修理完成后在装配时装错。拆卸前的记录应包括:①修理序号;②出线口方向;③端盖与联轴器之间的距离;④标记端盖负载端和非负载端;⑤机座与端盖的配合位置。

2.电动机拆装的步骤

(1)拆卸步骤

中小型异步电动机的拆卸可按以下步骤进行:

①断开电源,拆除电动机的接线或引线。

②用拉具拆卸皮带轮或联轴器。

③卸下风扇罩。

④卸下风扇。

⑤卸下前轴承外盖和后端盖螺钉。

⑥垫上厚木板或用铜棒,用手锤敲打轴端,使后端盖脱离机座(前后端盖与机座之间的接缝处用钢冲打上记号)。

⑦将后端盖连同转子抽出机座。

⑧卸下前端盖螺钉,用长木块顶住前端盖内部外缘,将前端盖打下。

⑨在油盘中清洗各部件,并把零部件放入指定的零件箱内。

(2)装配步骤

装配电动机前,应作好各部件的清洁工作,包括:清除定子铁芯内径上的油膜、漆瘤、脏物等;刮平并剃净高出定子铁芯的槽楔、绝缘纸等;将机座、端盖、轴承盖的止口以及转子表面擦干净;用皮老虎或气筒将定子绕组和机壳内部吹干净。

电动机的装配基本上是拆卸步骤的逆过程,如下所述:

①先将轴承内盖的空腔部分填入润滑脂后套在转轴上,再将轴承套装在转轴上。

②两端的轴承均装好后,将非轴伸端的端盖(后端盖)及轴承外盖固定在转子上。

③将转子装入定子,并将后端盖固定在机壳上。

④装配前端盖及轴承外盖(前后端盖对着记号装)。固定螺钉逐步紧定,应使端盖受力均匀,并盘车,右、左转动轴伸,并使其转动灵活。

⑤装上风扇罩和风扇。

⑥装上皮带轮或联轴器。

3. 主要零部件的拆装方法

(1)电动机引线的拆装

拆线前应先切断电源。若电动机的开关距离电动机较远,则应将开关里的 3 个熔丝卸下,并挂上醒目的检修标记,以防有人误合闸。打开接线盒,用试电笔验明接线柱确已处于无电状态后,再动手拆卸电动机引线。拆线时,每拆下一个线头,应做好标记,并立即用绝缘带包好,以防误合闸时造成短路或触电事故。

接线时,应按所作标记连接。引线接完后,应将电动机的外壳接地。

(2)皮带轮或联轴器的拆装

①拆卸。图1.24、1.25 所示为两种常用的小型联轴器。拆卸前应先在皮带轮或联轴器的轴伸端上做好尺寸标记,再旋松皮带轮或联轴器上的固定螺钉或敲去定位销并取下。在其内孔和转轴结合处加入煤油,再用拉具(或称拉机、抽轴机)钩住皮带轮或联轴器,扳动拉具的螺杆,将皮带轮或联轴器从电动机转轴上缓慢拉出,操作时,拉钩要对称地钩住皮带轮或联轴器的内圈,两钩爪受力应一致。有时为了防滑,还可用金属丝将两拉杆绑在一起。中间主螺杆应与转轴中心线一致,在旋动螺杆时应注意用力均匀、平稳。对轴中心较高的电动机,可在拉具下面垫上木块。若转轴与皮带轮内孔结合处锈蚀或过盈尺寸偏大,拔不下来时,可轻轻敲击螺杆端头,也可采用加热法:先将拉具装好并旋紧到一定程度,用石棉包住转轴,用喷灯快速而均匀地加热皮带轮或联轴器,待温度升到 250 ℃ 左右时,加力旋转拉具螺杆,即可顺利将皮带轮或联轴器拔下。操作步骤、注意事项及示意图如下所述。

图1.24　弹性柱销式联轴器

图1.25　弹性齿对接式联轴器

a. 用粉笔标记好皮带轮或联轴器的正反面,以防安装时装反,如图 1.26 所示。

图 1.26　用粉笔标记皮带轮的正反面

b. 用尺子在皮带轮或联轴器的轴伸端做好尺寸标记,以便还原安装位置,如图 1.27 所示。

图 1.27　标记尺寸

c. 用夹钳取出皮带轮或联轴器上的定位螺钉,如图 1.28 所示。

图 1.28　取出定位螺钉

d. 如因锈蚀而难以拆卸,则在定位孔内注入煤油,过几小时后再进行拆卸,如图 1.29 所示。

图 1.29　在定位孔内注入煤油

e. 装上拉具,将拉具的丝杠顶尖对准轴中心的顶尖孔,缓慢地旋转丝杠,将皮带轮或联轴器缓缓拉出,如图 1.30 所示。

图 1.30　用拉具拉出皮带轮或联轴器

此步操作应注意以下几点:

a. 应始终保持丝杠与被拉物在同一轴线上。

b. 操作时动作要轻、慢,切忌硬拆。

c. 如拉不出,可用喷灯在皮带轮轴套四周加热,使其膨胀后再拉。

d. 在拆卸过程中不能用铁锤或其他坚硬工具直接敲击皮带轮或联轴器,防止其变形或碎裂,必要时应垫上木板或紫铜棒。

②安装。安装时,应先将电动机转轴和皮带轮或联轴器的内孔清理干净,然后将皮带轮或联轴器套在转轴上,并对准键槽位置,再将铜棒或硬木板垫在键的一端,将键轻轻打入槽内,在此过程中应注意使键在槽内的松紧程度适当。若打入困难,应在轴的另一端垫上木块顶在墙上,再打入皮带轮或联轴器。

(3)轴承盖的拆装

拧下固定轴承的螺钉,即可拆下轴承外盖,拆卸时应注意将轴承盖标上记号,以便于装配时复位。对于中、小型异步电动机,由于轴承外盖和轴承内盖用螺栓连在一起,当端盖就位后,轴承内盖的位置无法看见,可用下述两种方法寻找。

①试探法。如图 1.31 所示,在套入轴承外盖之前,先将一只固定轴承外盖的螺栓伸入端盖孔内,一只手转动转子,从而带动轴承内盖转动,另一只手缓慢地朝紧固方向旋转螺栓,当感觉到轴承内盖的螺孔接触到螺栓头时,再紧旋几下就能将轴承内盖位置固定,然后将该螺栓卸下,再将轴承外盖套上,最后再装好所有的螺栓。

图 1.31　用试探法装配轴承外盖

②吊丝法。如图 1.32 所示,先将轴承外盖套入,再将一根较长的螺杆插入端盖孔内,将轴承内盖位置固定(同试探法)后,上好其余的螺栓,再卸下螺杆,并换用固定轴承盖的螺栓。在紧固轴承盖螺栓的同时,应转动转子,既要使螺栓紧固到位,又要使转子转动灵活。在必要时,可用木槌轻敲电动机的轴头,然后进一步紧固上述螺栓,以使其达到理想的效果。

图 1.32　用吊丝法装配轴承外盖

(4)端盖的拆装

①拆卸。拆卸端盖前,应仔细检查紧固件是否齐全,端盖是否有损伤,并在端盖与机座接缝处做好标记。然后旋下轴承盖螺栓,取下轴承外盖,再卸下端盖紧固螺栓。通常大、中型异步电动机的端盖上留有两个拆卸螺孔,可用合适的螺栓旋进该孔将端盖取出;对于没有拆卸螺孔的端盖,可用撬棍或一字旋具在周围接缝中均匀加力,将端盖撬出止口,也可用两根厚度适当的角铁,将其一边卡入端盖与机座之间的间隙中,每只手搬动一根角铁,反复撬动几次后,即可将端盖拆下,如图 1.33 至图 1.35 所示。

图 1.33　用角铁拆卸端盖

图 1.34　拆卸前端盖

图 1.35　拆卸后端盖

②安装。对于小型电动机一般先装配后端盖。即将转子竖直放置，并将后端盖轴承孔对准轴承外圈套上，一边使端盖沿轴转动，一边用木槌敲打端盖靠近中心的部位，直到其到位为止。再将后轴承内盖、后轴承外盖及后轴承内按规定加足润滑油，套上后轴承外盖、拧紧轴承盖紧固螺栓即可，后端盖的装配如图1.36所示。

图1.36　后端盖的装配

后端盖装配完成后，按拆卸所做的标记将转子放入定子内腔中，合上后端盖。按对角交替的顺序拧紧后端盖紧固螺栓。注意边拧螺栓，边用木榔头均匀地敲打端盖，直至到位。然后将前轴承内盖与前轴承按规定加足润滑油，参照后端盖的装配方法，将前端盖装配到位。

注意：拆装端盖时，如需敲打端盖应使用木槌或铜棒，且不能用力过猛，以防端盖破裂。前后两个端盖拆下后要分别标上记号，以免装配时前后装反。拧螺栓时应按对角线的位置轮番逐渐拧紧，螺栓每次拧紧的程度要一致，不要一次拧到底。

（5）转子的拆装

抽出或装入转子时，应平稳进或出转子，注意不要碰伤定、转子铁芯及绕组。应在定子绕组端部垫上厚纸板，以免抽动转子时碰伤定子绕组。对于小型异步电动机的转子可以直接用手抽出，如图1.37所示。

图1.37　转子的抽出

装入转子的步骤与抽出转子的步骤相反,同样应注意对电动机各部分的保护。

(6)轴承的拆卸、清洗和安装

①拆卸。在拆卸轴承时,由于轴颈、轴承内环配合度会受到不同程度的削弱,若非必要,通常情况下不能随意拆卸轴承。轴承的拆卸可在两个部位进行:在转轴上拆卸或在端盖内拆卸。

A.在转轴上拆卸轴承。在转轴上拆卸轴承常用以下3种方法。

a.用拉具拆卸。用拆卸皮带轮的方法拆卸轴承,如图1.38所示。拆卸时,应根据轴承的大小,选择合适的拉力器,其钩爪紧扣在轴承内圈。拉具的丝杠顶点要对准转子轴的中心,如图1.39所示,慢慢扳转丝杆,注意用力均匀,以免损坏轴承。

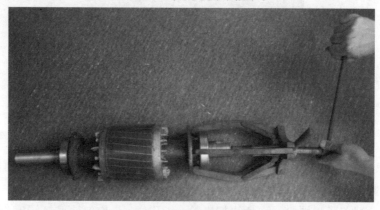

图1.38　用拉具拆卸轴承

图1.39　拉具的丝杠顶点对准转子轴的中心

b.用铜棒拆卸。若无拉具,可采用此种方法。将铜棒垫在轴承内圈上,用铁锤敲打铜棒,把轴承敲出,如图1.40所示。注意在敲打时,要在轴承内圈四周的相对两侧轮流均匀敲打,不可偏敲一边,不要用力过猛。

图 1.40　用铁锤和铜棒拆卸轴承

　　c. 搁在圆筒上拆卸。将轴承搁在一只内径略大于转子的圆筒上面,圆筒内放一些软物,以防轴承脱下时转子摔坏,轴的内圆下面用两块铁板夹住,在轴的端面上垫上铜块,用手锤轻轻敲打,着力点对准轴的中心,如图 1.41 所示。当轴承逐渐松动时,用力要减弱,使轴承脱离。

图 1.41　用铁板圆筒支撑、敲打轴端拆卸轴承

　　B. 在端盖内拆卸轴承。若电动机端盖内孔与轴承外圈的配合比轴承内圈与转轴的配合更紧,在拆卸端盖时,将轴承留在端盖内孔中。这时可将端盖止口面向上,平稳放置,在轴承外圈下方垫上木板,但不能抵住轴承,然后用一根直径略小于轴承外径的金属管抵住轴承外圈,从上面用铁锤敲打,使轴承从下方脱落,如图 1.42 所示。

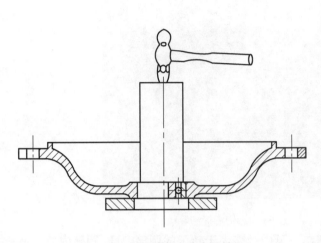

图 1.42　拆卸端盖内孔内的轴承　　　　　图 1.43　用铁管轻敲轴承

②检查和清洗。卸下的轴承须经检查、清洗后再安装。

a. 检查。检查轴承有无裂纹、滚道内有无生锈等。用手转动轴承外圈,观察其转动是否灵活、均匀,是否有卡位或过松的现象。如有这些现象则应更换新的轴承。

b. 清洗。将轴承放入煤油桶内浸泡 5 ~ 10 min,待轴承上的油膏落入煤油中后,再将轴承放入另一桶比较洁净的煤油中,用细软毛刷清洗,之后在汽油中清洗,拿出并用布擦干即可。

③安装。轴承的安装有敲打法和加热法两种。

a. 敲打法。把轴承套到轴上,对准轴颈,用一段铁管,其内径略大于轴颈直径,外径略大于轴承内圈的外径,铁管的一端顶在轴承的内圈上,用手锤敲铁管的另一端,将轴承缓慢地敲进去,如图 1.43 所示。

若无铁管,也可用铁条顶住轴承内圈,对称地轻敲,也能令轴承水平地套入转轴,如图1.44所示。

图 1.44　用铁片轻敲轴承

b.加热法。如配合度较紧,为了避免将轴承内环胀裂或损伤配合面,可采用该法。首先将轴承放在油锅(或油槽内)里加热,油的温度保持在100 ℃左右,轴承必须浸没在油中,但不能和锅底接触,可用铁丝将轴承吊起,如图1.45所示。加热要均匀,30~40 min后,将轴承取出,迅速地将轴承推到轴颈。也将轴承放在100 W灯泡上烤热,1 h后即可套在轴上,如图1.46所示。

图1.45 用油加热

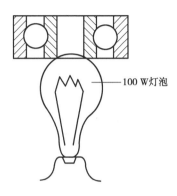

图1.46 用灯泡加热

注意:安装轴承时,轴承型号必须朝外,以便下次更换时查对轴承型号。此外还要注意轴承润滑油的清洁,轴承在转轴上的松紧程度适当。

(7)风罩和风叶的拆装

首先,将外风罩螺钉松脱,取下风罩;然后把转轴尾部风叶上的定位螺钉或销松脱取下,用金属棒或锤子在风叶四周均匀轻敲,就可使风叶松脱。小型异步电动机的风叶一般不用卸下,可随转子一起抽出,但在后端盖内的轴承需要加油或更换时,就必须拆卸。对于采用塑料风叶的电动机,可用热水浸泡塑料风叶,待其膨胀后再拆卸。

风叶和风罩安装完毕后,用手转动转轴,转子应转动灵活、均匀、无停滞或偏重现象。

4.电动机拆装过程中的注意事项

①拆卸皮带轮或轴承时,要正确使用拉具。

②电动机解体前,要做好记号,以便组装。

③端盖螺钉的松动与紧固必须按对角线上下左右依次旋动。

④不能用锤子直接敲打电动机的任何部位,只能用纯铜棒在垫好木块后再敲击。

⑤抽出转子或安装转子时动作要小心,一边送一边接,不可擦伤定子绕组。

⑥清洗轴承时,一定要将陈旧的润滑脂排除洗净,再适量加入牌号合适的新润滑脂。

5.电动机装配后的检验

电动机装配完成后,应进行如下检验。

①检查电动机转子的转动是否轻便灵活,若其转动比较沉重,可用紫铜棒轻敲端盖,同时调整端盖紧固螺栓的松紧程度,使其转动灵活。

②检查电动机的绝缘电阻值,用兆欧表摇测定子绕组相与相之间、各相与机壳之间的绝

缘电阻。针对不同额定电压的电动机,选用的兆欧表可能不同,通常 500 V 以下的电动机用 500 V 兆欧表测量,500~3 000 V 的电动机用 1 000 V 兆欧表测量,3 000 V 以上的电动机用 2 500 V兆欧表测量。通常,额定电压为 380 V 的电动机的绝缘电阻应大于 0.5 MΩ 才能使用。绝缘电阻值的具体测量方法详见项目二的相关内容。

③根据铭牌规定的电流和电压,正确接通电源;检查电动机外壳上的接地线是否装好;用钳形电流表测量三相电流,检查其是否在正常范围之内(空载电流约为额定电流的1/3),三相电流是否平衡。

④用转速表测量电动机的转速是否均匀并符合要求。

⑤对转向不可逆的电动机,须检查运转方向是否与机身上的箭头所指方向相同。

⑥对新安装的电动机,应检查地脚是否拧紧,机械方面是否牢固,并检查机座与电源线钢管的接地情况。

⑦检查后,须让电动机空载运行一段时间,在此期间检测机壳和轴承处的温升,还应注意是否有不正常的噪声、振动、局部发热的现象,若有不正常现象发生,必须消除后才能投入正常运行。电动机故障现象的诊断与排除详见项目四的相关内容。

任务三　定子绕组的更换

【任务描述】定子绕组是三相异步电动机非常重要且十分脆弱的部位。当定子绕组发生严重故障或损坏时,须将旧绕组拆除,更换成新绕组。

三相异步电动机的定子绕组属于比较脆弱的部位。由于电动机使用不当或其他原因,定子绕组发生严重的短路、断路、接地等故障时,或电动机需要改极、增容时,就必须将其更换并重新浸漆、烘干。若定子绕组拆装操作不当,可能会导致更为严重的后果,如铁芯损坏等,从而造成更大的损失。因此,定子绕组的拆卸和装配有相当严格的要求和技巧。

1. 旧绕组的拆卸

1)旧绕组拆卸前的原始数据记录

拆除旧绕组前,应详细记录各项技术数据,作为更换绕组前后核查和比较电动机性能的重要依据。原始数据的记录可避免电动机修理过程中一些不必要的错误,保证修理质量。

(1)铭牌数据

铭牌数据说明了电动机的规格、型号和工作条件,包括:型号、额定功率、额定电压、额定电流、转速、频率、接线、运行方式、负载持续率、效率、功率因数、转子电压、转子电流、耐热等级、质量、产品编号、制造厂、制造日期等。

(2)定子铁芯数据

定子铁芯数据是定子绕组重绕、改绕的重要依据,包括:外径、内径、气隙值、铁芯总长、通风槽数、通风槽宽、槽数。

（3）定子绕组数据

定子绕组数据应记录的内容包括：绕组型式、线圈节距、导线型号、导线规格、并绕根数、并联路数、每槽匝数、接线方式。

（4）线圈伸出铁芯长度数据

包括接线端、非接线端的长度数据。

（5）绝缘材料

绝缘材料应记录的内容包括：定子槽内各部分绝缘材料的类型、尺寸和数量。

（6）线圈的尺寸、形状

拆除绕组时，应保留一个完整的线圈（若绕组中有多种不同规格的线圈，每种规格应分别保留一个完整的线圈），以供绕制线圈时参考。引出线的材料和直径也应记录。必要时画出槽形尺寸图和绕组接线草图。

2）旧绕组的拆除方法

旧绕组的拆除通常有冷拆法、热拆法和溶剂法。

（1）冷拆法

对于绝缘严重老化，比较容易拆卸的旧绕组，可采用此法拆卸。冷拆法可以保护铁芯不受损坏，但拆卸过程较为烦琐，通常可分为冷拉法和冷冲法两种。

①冷拉法。冷拉法如图1.47所示。可用锯条片或电工刀制成的其他金属工具从槽口的一端逐步将槽楔切开，将槽楔取出。也可用略小于槽口尺寸的扁铁顶住槽楔的一端，用铁锤将其敲出，再用錾子沿靠近铁芯端头处将电磁线切断。然后用钳子将电磁线逐根拉出。操作过程中应注意不得伤及铁芯。

图1.47　冷拉法

若线圈嵌得过紧,可将铁棒从绕组端部插入,再将电磁线用力撬出,如图 1.48 所示。在有条件的情况下还可用拉具拆除。操作时应注意用力不要过猛,以免损坏槽口或使铁芯变形。

图 1.48　用铁棒撬出线圈

②冷冲法。对于电磁线较细的绕组,由于其机械强度较低,用冷拉法容易拉断,可先用弯錾沿铁芯端头将整个绕组齐头铲断,然后用一根横截面形状与槽形相似,但尺寸比槽截面积稍小的金属棒,抵住槽内线圈一端的断面,用铁锤逐槽敲打,将线圈从另一端槽口处冲出。应注意弯錾的刃要放平,不能碰伤定子铁芯,铲除后的绕组截面要与定子铁芯成平面。由于定子绕组端部粘连很牢固,因此,必须从某一槽开始逐槽往下冲少许,注意每个槽中的绕组每次不宜冲下过多,最好使全部绕组冲出后形成一个整体,如图 1.49 所示。

(a)用弯錾铲除绕组端部　　　　　　(b)用金属棒冲出槽中定子绕组

图 1.49　冷冲法拆除定子绕组

(2)热拆法

热拆法的思想是使绕组过热后绕毁绝缘,然后将导线拉出。利用热拆法拆除绕组比冷拆法更容易,但会在一定程度上破坏铁芯的绝缘,影响铁芯的电磁性能,故在实际中较少采用。热拆法包括通电加热法及利用烘箱、火炉、喷灯、气焊等加热的方法,用这些方法拆除绕组时都应注意加热温度不宜超过 200 ℃,以防铁芯性能下降和机座变形损坏。

（3）溶剂溶解法

若绕组的绝缘漆尚未老化,还可用溶剂溶解法拆除旧绕组。常用的溶剂溶解法有氢氧化钠浸泡腐蚀法,丙酮、酒精、苯胺混合溶液浸泡法,石蜡、甲苯、丙酮混合液刷浸法等。使用溶剂时要注意防火,溶剂中的部分成分（如甲苯）对人体有害,所以应利用排风装置使工作环境通风良好,以防有害气体吸入人体造成中毒。

3）旧绕组拆卸后应做的工作

（1）清除槽内残留物

旧绕组全部拆除后,要将槽内残余绝缘（包括纸屑、漆瘤等）清理干净。清理铁芯时可采用清槽锯、清槽钢丝刷等专用工具。

（2）槽口的整理

槽内残留物清除完毕后,应对槽口进行清理。对于有毛刺的槽口,要用细锉锉光磨平,使槽口没有尖端。如果在绕组拆卸过程中,造成铁芯端头处的硅钢片翘起,应尽量将其修复。可在沿铁芯端面约 45°的方向,用金属棒或小锤轻轻敲打该硅钢片的端部,将该硅钢片敲平或略向里弯曲即可。铁芯清理后,用蘸有汽油的清洁布擦拭铁芯各部分,尤其在槽内不允许有污物存在。最后再用空压机吹净铁芯,使其表面干净。

（3）记录线圈的有关数据

分别保留不同规格的完整旧线圈各一个,以便制作绕线模时参考,并详细记录电磁线的线径、线圈的匝数、单匝线圈长度（取平均值）、并绕根数。这些数据也可通过查阅电工手册获得。

2. 新绕组线圈的绕制

1）绕线模的参数计算及制作过程

定子线圈在绕线模上绕制而成。绕制的线圈是否合适,取决于绕线模的尺寸是否合适,若绕线模的尺寸做得太大,则绕组的电阻和端部漏电抗都将增大,使电动机的铜耗增加,影响电动机的运行性能,并且浪费电磁线,还可能造成线圈端部过长而触碰端盖,引起短路、接地等事故,还会增加维修成本;若绕线模的尺寸做得太小,会使线圈端部长度不足,造成嵌线困难,甚至嵌不进去,影响嵌线质量,缩短绕组正常使用寿命。因此,合理地设计和制作绕线模是保证电动机装配质量的重要因素。

绕线模由模心和夹板两部分构成,模心一般斜锯成两块,其中一块固定在上夹板上,另一块固定在下夹板上,这样绕成线圈后容易脱模。图 1.50 所示为绕制单层链式绕组时常用的半圆形绕线模。

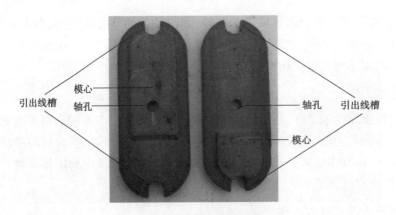

图 1.50　半圆形绕线模

模心是绕线模最重要的部分,其决定所绕线圈的长、短、宽、窄及全部尺寸。下面以半圆形绕线模为例,说明模心尺寸的计算和绕线模的制作过程。

(1)半圆形绕线模的参数计算

半圆形绕线模的形状及主要参数如图 1.51 所示。

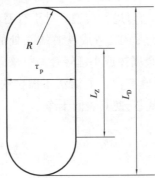

图 1.51　鼓形绕线模的主要参数

其参数的简易计算方法如下:

a. 模心宽度 τ_p:

$$\tau_p = \frac{\pi(D_i + h_s)}{Z_1}y - b_p \tag{1.1}$$

式中　D_i——定子铁芯内径;

　　　b_p——定子槽中部宽度;

　　　y——线圈节距,用槽数表示;

　　　Z_1——定子铁芯槽数;

　　　h_s——定子槽深度。

b. 绕线模端点距离 L_D:

$$L_D = l + K_L \cdot \tau_p \tag{1.2}$$

式中　l——定子铁芯长度;

　　　K_L——经验系数,其取值范围与绕组型式及电动机极数有关,对单层链式绕组,其取值
　　　　　　　范围为 1.22 ~ 1.68。

c.模心直线部分长度 L_z：

$$L_z = l + 2A \qquad (1.3)$$

式中　A——线圈直线部分两端伸出铁芯的长度,对于小型电动机,一般取 15~30 mm。

d.模心厚度 b,其取值范围与绕组型式有关,对单层链式绕组,有：

$$b = (0.40 ~ 0.58)h_s \qquad (1.4)$$

式中　h_s——定子槽深度。

e.绕线模端部圆弧半径 R：

$$R = \frac{(L_D - L_Z)^2 + \tau_p^2}{4(L_D - L_Z)} \qquad (1.5)$$

式中　L_D——绕线模端点距离;

　　　L_Z——绕线模直线部分长度。

（2）绕线模的制作

根据准确性和耐用性的要求,绕线模一般用干燥后的硬质木料制作。但硬质木料加工困难,且易变形、开裂,因此常用易加工且不易变形的柏木制作绕线模。制作时,必须选用未开裂的木板,按绕线模厚度刨削平整,再用砂纸打磨毛刺,按尺寸锯出绕线模,磨去粗糙锯痕,保留模板棱边,最后在模板中心开绕线机轴孔,则单块模板可完成。对于大量或长期使用的绕线模,可用其他有机材料或铝制金属板制作。

夹板的尺寸应视电动机的规格而定,一般小型电动机的夹板每一个边长应比模心大出 10~15 mm,其厚度一般取 10~12 mm;较大的电动机每个边长应比模芯大出 20~30 mm,其厚度一般取 15~20 mm;而连绕线模的中间夹板的厚度一般取 7~10 mm。

绕线模还可以按每极每相的线圈个数制作,例如每个极相组有 3 个线圈,则可做成 3 块模心,4 块模板。绕制线圈时,可将 3 个线圈连绕,省去线圈间的焊接,可节省工时并提高接线的质量。对于容量较小的电动机或大批量生产的电动机,还可以制作将一相（或一条并联支路）内各线圈连绕的绕线模,既可省去各线圈之间的焊接,又可省去极相组之间的焊接。半圆形连绕线模如图 1.52 所示。

图 1.52　半圆形连绕线模

绕线模的尺寸除用简单方法进行计算外,还可用试槽法估算,即用一根电磁线做成线圈形状,并按规定的节距放入定子槽中,将线圈两端弯成椭圆形,将线圈两端往下压,当线圈端部与机壳轻微相碰时,这个线圈的尺寸可作为绕线模的参考尺寸,如图 1.53 所示。另外,在拆除定子绕组时,也可留出一个较完整的线圈,取其中最小的一匝作为绕线模的尺寸。

图 1.53　试槽法

2）绕线前的准备工作

绕线前必须明确绕组的节距、线径、并绕根数、线圈匝数、每个极相组的线圈数、并联支路数、接法等有关技术数据,因为这些数据直接关系到电动机的运行性能。

在正式绕线前,应检查所用电磁线是否符合所需规格,是否有质量问题。然后进行试模,即用制作好的绕线模绕一个线圈(或若干匝),嵌入相应槽中,检查端部是否过长、嵌线是否困难,确定合适后,再正式绕制线圈。

一般而言,小线圈多用手摇绕线机绕制,大线圈则用电动绕线机绕制。通常绕线机都采用累计式的匝数计数器。若绕线模上无绑扎孔,还须在将计数器调零或记下始绕数字后预埋绑扎线,并将绑扎线放入扎线槽内后,才能开始绕线。

3）电磁线的检查

绕线前应用千分尺检查电磁线直径是否符合要求。若电磁线直径过细,会使绕组电阻增大,若增大5%以上,将会影响电动机的电气性能。对于漆包线,须特别注意漆皮应均匀、光滑,不应有气泡、漆瘤、霉点及漆皮剥落等现象。此外,还应检查电磁线的软硬程度,如果太硬,则不宜用来绕制线圈。

在一般电动机中,单根电磁线直径应不超过 1.60 mm。若线径太大,嵌线困难,槽空间利用率不高,因此,若单根电磁线直径大于 1.60 mm,宜采用两根或多根电磁线并绕,使嵌线操作更容易。但是,线径也不能太小,否则电磁线的机械强度太差。

4）线圈绕制的一般步骤

①将备绕的电磁线装在放线架上。在绕线机与放线架之间,必须将电磁线夹紧,一般采用紧线夹,并适当调整紧度,以保证绕线时具有一定的拉力。

②如果绕制小型线圈,电磁线较细,可用套管套在电磁线外面,绕线时用手握住套管,靠套管与电磁线之间的摩擦力也可夹紧,这样操作更方便。

③将电磁线的起头固定在绕线机轴上或模具上。

④按规定匝数绕制线圈。每绕完一个线圈时,要把电磁线从跨线槽过渡到相邻的模芯上,并且用预埋的绑扎线将该线圈捆好。

⑤线圈绕完规定的匝数后，留足尾线，但不要过长，以免浪费。

⑥用绑扎线扎好线圈，以防散乱。然后退出绕线模，取出线圈。

5）绕制线圈时应注意的事项

①绕线速度不宜过快，松紧度适当。

②绕制时尽可能将电磁线排列整齐，避免交叉混乱，否则将使嵌线困难，并容易造成匝间短路。

③电磁线的规格及线圈匝数必须符合设计要求，否则会影响电动机的性能。

④绕线时必须保护电磁线的绝缘，不允许有丝毫破损。

⑤电磁线的接头必须在线圈端部斜边处（最好在非引线端）进行焊接处理，并套上绝缘套管，不允许安放在槽内。

3. 新绕组的嵌线

1）嵌线的技术要求

绕组嵌线是指将三相绕组逐个线圈按规定的节距、接法依序按一定规律及叠放方法嵌入铁芯槽内，整理和扎紧线圈端部，以及将各个线圈连接成为绕组的工艺过程。绕组嵌线一般应符合下列技术要求。

①线圈节距、连接方式、引出线与出线孔的相对位置、嵌入槽内的线圈匝数必须正确。

②绝缘应良好可靠。绝缘材料的质量和结构尺寸须符合规定。在嵌线的过程中，槽口的绝缘最易受机械损伤，造成击穿事故；此外，线圈的绝缘易被锐器划伤，造成匝间短路故障。因此嵌线时应禁止采用金属嵌线工具。

③槽绝缘伸出铁芯两端的长度应相等，绕组两端伸出铁芯的部分应对称，绕组端部的长度和内径须符合规定。

④槽内电磁线及绕组端部电磁线应尽量排列整齐，避免严重交叉现象。端部绝缘形状应符合规定。

⑤槽楔在槽中应松紧适宜、平整，槽楔、槽绝缘均不能凸出槽口，并且伸出铁芯两端的长度应相等。

⑥接头应焊接良好，以免发生过热或脱焊断裂等事故。

2）嵌线前的准备工作

①嵌线之前，应整理槽口，使其无毛刺、飞边，槽内无纸屑、漆瘤、异物等。

②用空压机将铁芯吹干净，嵌线时，应严防铁屑、铜末、焊渣、砂子等混入绕组。

③准备好所需工具和材料。常用材料有槽绝缘、端部相间绝缘、层间绝缘、绝缘套管、槽楔、扎带、号码管、引出线、绑扎线、绝缘漆、纱布、砂纸、电烙铁、焊锡等。

绝缘材料的规格和尺寸应符合要求。某些纤维材料在剪切时，应注意剪切方向，以获得合格的机械强度。例如，玻璃纤维布应按与纤维成 $45°\pm2°$ 方向剪切，使它在作为绝缘材料时，不易从底部裂开。绝缘材料加工场所应注意清洁干燥。槽楔最好外购，也可用楠竹自制竹楔。首先将楠竹截成槽楔所需的长度（等于或略小于槽绝缘纸的长度），用锤子敲打电工刀将楠竹劈成竹楔所需尺寸的半成品,然后用右手握住电工刀紧靠在桌边,左手拿住半成品的竹楔沿箭头方向拉,如图1.54所示。先削出竹楔厚度(注意保留竹皮表面),再削出两侧斜面,使竹楔断面呈半圆形或等腰梯形,而不应呈三角形。为了保证向槽内打入槽楔时顺利,避免刮破绝缘,槽楔的一端应倒角。

④检查线圈。首先核对所用线圈与定子铁芯是否相符。核对匝数,校对线径,然后对电磁线绝缘进行外观检查,用万用表检查其是否有开路,并测量直流电阻。若有质量问题,则加以处理,以保证绝缘良好。

⑤熟悉图纸。应了解电动机极数、绕组节距、引线方向、并联支路数、绕组排列、端伸尺寸等,以及其他有关技术要求,以免在嵌线中发生差错。

图1.54 竹楔的切削

3)绝缘的配置

(1)绝缘等级

绝缘材料的耐热等级,简称绝缘等级,决定了电动机运行时的允许温升限度(或极限工作温度)。绝缘材料的选择取决于电动机容量、工作环境、要求的绝缘等级等因素。

电动机常用绝缘材料的耐热等级见表1.1。现代工业生产大多采用Y系列异步电动机,其多采用B级级缘。

表1.1 绝缘材料的耐热等级

耐热等级代号	极限工作温度/℃	绝缘材料举例
Y	90	未浸渍过的棉纱、丝及纸等材料或其组合物,如棉纱、布带、木头等
A	105	浸渍过的或者浸在液体电介质中的棉纱、丝及纸等材料或其组合物,如漆布、漆绸等
E	120	合成有机薄膜、合成有机瓷漆等材料或其组合物,如玻璃布、环氧树脂等
B	130	用合适的树脂粘合或浸渍、涂覆后的云母、玻璃纤维、石棉等及其他无机材料,合适的有机材料或其组合物

续表

耐热等级代号	极限工作温度/℃	绝缘材料举例
F	155	用合适的树脂粘合或浸渍、涂覆后的云母、玻璃纤维、石棉等,以及其他无机材料、合适的有机材料或其组合物,如云母带、玻璃漆布
H	180	用有机硅树脂粘合或浸渍、涂覆后的云母、玻璃纤维、石棉等材料或其组合物,如硅有机材料、有机硅云母制品,复合云母
C	180 以上	纯无机材料,如云母、玻璃、石棉、石英、陶瓷和特殊有机材料(如聚四氟乙烯等)

(2)绝缘结构

在异步电动机定子绕组中,单、双层绕组的绝缘结构分别如图1.55、图1.56 所示。

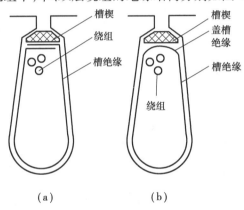

(a)　　　　　　　(b)

图 1.55　单层绕组的绝缘结构

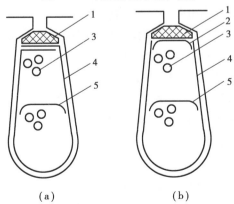

(a)　　　　　　　(b)

图 1.56　双层绕组的绝缘结构

1—槽楔;2—盖槽绝缘;3—绕组;4—槽绝缘;5—层间绝缘

(3)Y 系列电动机的绝缘规范

①定子线圈。采用 QZ-2 型高强度聚酯漆包圆铜线绕制而成。

31

②槽绝缘。槽绝缘采用复合绝缘材料(DMDM 或 DMD),不同中心高的电动机槽绝缘规范见表1.2。

表 1.2　Y 系列电动机定子绕组槽绝缘规范 单位:mm

外壳防护等级	中心高	槽绝缘形式及总厚度				槽绝缘均匀伸出铁芯两端长度
		DMDM	DMD + M	DMD注	DMD + DMD	
IP44	80 ~ 112	0.25	0.25 (0.20 + 0.05)	0.25		6 ~ 7
	132 ~ 160	0.30	0.30 (0.25 + 0.05)			7 ~ 10
	180 ~ 280	0.35	0.35 (0.30 + 0.05)			12 ~ 15
	315	0.50			0.50 (0.2 + 0.3)	20
IP23	160 ~ 225	0.35	0.35 (0.30 + 0.05)			11 ~ 12
	250 ~ 280	0.40	0.40 (0.35 + 0.05)		0.40 (0.2 + 0.2)	12 ~ 15

注:0.25 mmDMD 其中间层薄膜厚度为 0.07 mm;D——聚酯纤维无纺布;M——6020 聚酯薄膜。

③相间绝缘。绕组端部各相之间垫入与槽绝缘相同的复合绝缘材料(DMDM 或 DMD),其形状与线圈端部的形状相同,但尺寸应比线圈端部大。

④层间绝缘。当采用双层绕组时,同一个槽内上、下两层线圈之间垫入与槽绝缘相同的复合绝缘材料(DMDM 或 DMD)作为层间绝缘,其长度约等于线圈直线部分的长度。

⑤槽楔。槽楔可采用冲压成型的 MDB(M、D 和玻璃布 B 的复合物)复合槽楔,或新型的引拔槽楔,或 3240 环氧酚醛层压玻璃布板。中心高为 80 ~ 280 mm 的电动机采用厚度为 0.5 ~ 1 mm 的成型槽楔或引拔槽楔,或厚度为 2 mm 的 3240 板,或引拔槽楔。冲压或引拔成型的槽楔,其长度与相应的槽绝缘相同;3240 板槽楔的长度比相应的槽绝缘短 4 ~ 6 mm。槽楔下垫入长度与槽绝缘相同的盖槽绝缘。

⑥引接线。引接线采用 JXN(JBQ)型铜芯橡皮绝缘丁腈护套电动机绕组引接电缆,用厚为 0.15 mm 的醇酸玻璃漆布带或聚酯薄膜带将电缆和线圈连接处半叠包一层,外部再套醇酸玻璃漆管一层。如无大规格醇酸玻璃漆管,线圈连接处可用醇酸玻璃漆布带半叠包两层,外部再用 0.1 mm 无碱玻璃纤维带半叠包一层。

⑦端部绑扎。中心高为 80 ~ 132 mm 的电动机,定子绕组端部每两槽绑扎一道;中心高为 160 ~ 315 mm 的电动机,定子绕组端部每一槽绑扎一道。对中心高为 180 mm 的二极电动机及中心高为 200 ~ 315 mm 的二、四极电动机,定子绕组的鼻端用无碱玻璃纤维带半叠包一层。

中心高为 315 mm 的二极电动机,定子绕组端部外端用无纬玻璃带绑扎一层。在有引接线的一端,应将电缆和接头处同时绑扎牢,必要时应在此端增加绑扎层数(道数)。绑扎用材料为电绝缘用的聚酯纤维编织带(或套管),或者无碱玻璃纤维带。

⑧绝缘漆浸烘处理。浸渍漆为 1032#漆时,采用二次沉浸处理工艺。采用 EIU、319-2 等环氧聚酯类无溶剂漆时,沉浸一次。

(4)放置槽绝缘

槽绝缘在铁芯槽内的放置方式如图 1.57 所示。

图 1.57 槽绝缘在铁芯槽内的放置

①槽绝缘两端伸出铁芯的长度。槽绝缘两端伸出铁芯的长度根据电动机容量大小而定。伸出太短时,绕组对铁芯的安全距离不够,同时端部相间绝缘无法垫好。伸出太长时,线圈直线部分的长度会增加,浪费材料,也使端盖容易划伤绕组。常用异步电动机槽绝缘两端各伸出铁芯的长度一般为 6~15 mm 为宜。对于容量较小的电动机,其电磁线线径较小,不需要加强槽口的绝缘,槽绝缘只需直接伸出槽口即可,如图 1.57 所示。而对于容量较大的电动机,其电磁线线径较大,为了加强槽口的绝缘及其机械强度,须将槽绝缘两端伸出部分折叠成双层(或只将聚酯薄膜折叠成双层)。

②槽绝缘的宽度。槽绝缘的宽度有两种:一种是槽绝缘的宽度大于槽形的周长,即槽绝缘的高度超过气隙槽口,嵌线后将槽绝缘折入槽中,用槽楔压紧,如图 1.55(a)所示;另一种是槽绝缘的高度不高出气隙槽口,嵌线时在槽口两侧垫上引槽纸,如图 1.58 所示,嵌完线后,抽出引槽纸,插入盖槽绝缘(又称垫条),再用槽楔压紧,如图 1.55(b)所示。

4)嵌线的一般过程及操作方法

嵌线就是将绕制好的线圈下到槽里的过程。对一般的小容量电动机,其绕组线径小,匝数多,线圈须逐根嵌入槽中,所以称之为散嵌线圈。散嵌线圈有交叠法和整嵌法两种嵌线方法,在此只介绍交叠法在单层链式绕组嵌线中的应用。

交叠法的嵌线特点是:先嵌一个线圈的其中一个有效边,另一个有效边暂时不能嵌入(称为吊把),只有当该槽下层边(对双层绕组)或前一槽边(对单层绕组)已嵌入后,才能将该边嵌入。由于其端部线圈连接线呈交叠分布,故称其为"交叠法"。

图 1.58　在槽口垫引槽纸

（1）嵌线的一般过程

嵌线前定子要放在工作台上，引出线孔应在轴身侧。将裁好的槽绝缘插入槽内，并使槽绝缘均匀地伸出铁芯两端。由于在嵌线时，经常左右拉动线圈，易使槽绝缘走偏移位，因此每嵌完一个线圈边，应检查槽绝缘在槽中的位置。

放置好槽绝缘后，将线圈经槽口分散嵌入槽内。嵌线时，槽口须垫引槽纸（或将槽绝缘伸出槽口），以防槽口棱角刮伤电磁线绝缘。虽然散嵌线圈对电磁线排列无严格要求，但电磁线不能太乱，更不能交叉太多，以免槽内容纳不下和损伤电磁线绝缘。对于槽满率高的电动机，尤其要注意将电磁线整理整齐。

在嵌线过程中，须时时注意将绕组端部整形，两端长度须整齐对称，每嵌完一组线圈，即应压出线圈端部斜边。

绕组端部相间绝缘必须到位。对于双层绕组，相间绝缘要与层间绝缘交叠；对于单层绕组，相间绝缘要与盖槽绝缘交叠。否则容易引起短路故障。

（2）操作方法

①将线圈整理扁平。因为散嵌线圈嵌入的是半闭口槽，槽口较窄，故须将软线圈整理扁平到适当尺寸才容易将线圈下到槽内。其操作方法如下所述。

a. 将线圈缩宽。用两手的拇指和食指分别抓压线圈直线转角处，使线圈宽度压缩到进入定子内腔时不碰到铁芯。

b. 扭转直线边。用左手大拇指和食指捏住直线边靠转角部分，将两边同向扭转，如图1.59所示。使上层边外侧导线扭向上，下层边外侧导

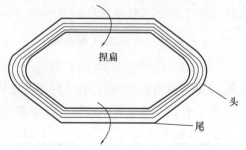

图 1.59　直线边的扭转

线扭向下。

　　c.捏扁直线边。将右手移到下层边与左手配合,尽量将下层直线边靠转角处捏扁,然后左手不动,右手指边捏边向下滑动,使下层边梳理成扁平的形状。若未达到要求,可多梳理几次。

　　②沉边的嵌入。右手将捏扁后的有效边后端倾斜靠向铁芯端面槽口,左手从定子另一端伸入接住绕组,如图1.60所示。双手把有效边靠左端尽量压入槽口内,然后左手慢慢向左拉动,右手一边防止槽口导线滑出,一边梳理后边的铜线,边移边压,来回扯动,使全部导线嵌入槽内。若尚有未嵌入的导线,可用划线板将导线逐根划入槽内。

图1.60　绕组嵌线操作

　　划线手法:划线时,左手大拇指和食指捏扁线圈,不断送入槽中,同时右手用划线板在线圈边两侧交替从远端向近端划出槽,引导导线入槽,如图1.61所示。嵌线时,尽量将连线处理在线圈内侧,以免引起端部外圆上的连线交叉混乱。

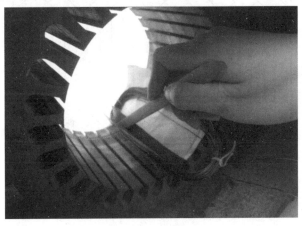

图1.61　划线手法

　　③压实导线。导线嵌入后,可借助压线板压实导线,对较大的电动机,可用小锤轻敲压线板。对端部槽口转角处凸出的线,可垫上整形条向下敲打。

　　④吊把。采用交叠法嵌线时,其中一个有效边先嵌,另一个有效边暂时不能嵌入,为了防

止该边与铁芯摩擦损伤及嵌线时松散,须将其用绝缘纸垫起或用线吊起,称为吊把。

⑤浮边的嵌入。沉边嵌过 y(节距)槽之后,便可嵌入第一个浮边,其操作方法与沉边的嵌入相同。此后的线圈开始进行整嵌而不用吊边。

⑥封槽口。一槽导线嵌完后,用双手手掌在槽口两端部按压,再令压线板从槽口进入,一边进一边轻轻撬压,使槽内导线密实,然后才可进行封口操作。

摺边式绝缘封口步骤:

a.用长剪刀将凸出槽口的绝缘纸多余部分齐槽口剪去。

b.用卷纸划片,将槽口左边的绝缘纸卷折入槽内右边,使绝缘纸包裹住导线。

c.用压线板将其压实后再将右边绝缘纸卷折入槽左边,如图1.55(a)所示。

d.再用压线板边移边退的同时,插入槽楔。

槽封式绝缘封口步骤:

a.用长剪刀将凸出槽口的引槽纸多余部分齐槽口剪去。

b.用卷纸划片,使引槽纸双向包裹导线。

c.用压线板将槽内导线压平、压实后插入槽口封条。

d.压线板在封条上边移边压,将槽楔推入。

5)层链式绕组的嵌线工艺

每一种类型的绕组原则上都可采用上述步骤进行嵌线,但不同类型绕组的嵌线规律有所差别。下面以定子槽数 $Z = 24$、极数 $2p = 4$、每极每相槽数 $q = 2$、并联支路数 $a = 1$ 的单层链式绕组为例,将嵌线工艺介绍如下。

该绕组的展开图如图1.62所示。

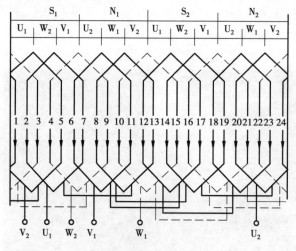

图1.62 单层链式绕组展开图($p = 2, Z = 24, a = 1$)

(1)工艺要点

①起把线圈(或称吊把线圈)数等于 q。

②嵌完 个槽后,空 个槽再嵌另一相线圈的下层边(因其端部边被压在下层,故称下层边)。

③同一相绕组中各线圈之间的连接线（又称过桥线）为上层边与上层边相连，或下层边与下层边相连。各相绕组引出线的始端（相头）或末端（相尾）在空间互相间隔120°电角度。

（2）嵌线工艺

①先将第一相的第一个线圈（线圈1）的下层边嵌入7号槽内，封好槽（整理槽内导线，插入槽楔），暂时还不能将线圈1的上层边嵌入2号槽（称为吊把），这是由于线圈1的上层边要压着线圈11和线圈12。因此要将线圈11和线圈12的下层边嵌入3号槽和5号槽之后，才能把线圈1的上层边嵌入2号槽。

②空一个槽（8号槽）暂时不嵌线，将第二相的第一个线圈（线圈2）的下层边嵌入9号槽中，封好槽，线圈2的上层边暂时不嵌入4号槽中，因为该绕组的$q=2$，所以起把线圈有2个。

③再空一个槽（10号槽），将第三相的第一个线圈（线圈3）的下层边嵌入11号槽中，封好槽。此时线圈1和线圈2的下层边已嵌入槽中，所以线圈3的上层边可按$y=5$的规则嵌入6号槽中，封好槽，垫好相间绝缘。

④再空一个槽（12号槽），将第一相的第二个线圈（线圈4）的下层边嵌入13号槽中，封好槽；然后将它的上层边按$y=5$的规则嵌入8号槽内。这时应注意与本相的第一个线圈的连线，即应上层边与上层边相连或下层边与下层边相连。

⑤其余各线圈的嵌线方法与线圈3、线圈4一样，按空一个槽嵌一个槽的方法，依次后退。依次将三相线圈嵌完，最后将线圈1和线圈2的上层边（起把边）嵌入2号槽和4号槽中（定子绕组两端部线圈相叠），至此整个绕组全部嵌完。

嵌线顺序见表1.3。

表1.3　单层链式24槽4极绕组嵌线顺序

嵌线顺序		1	2	3	4	5	6	7	8	9	10	11	12
嵌入槽号	下层边	7	9	11		13		15		17		19	
	上层边				6		8		10		12		14
嵌线顺序		13	14	15	16	17	18	19	20	21	22	23	24
嵌入槽号	下层边	21		23		25		3		5			
	上层边		16		18		20		22		24	2 吊把	4 吊把

4. 新绕组的接线

（1）端部整形

线圈嵌完后，应先调整端部再进行端部整形。有条件时，可用专用整形胎（可用铝质或木质，形状如图1.63所示）压入绕组端部内圆。

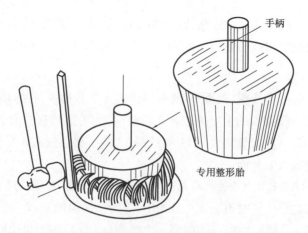

图 1.63　专用整形胎

也可垫着打板,用铁锤将绕组端部打成喇叭口,如图 1.64 所示,并对绕组端部不规则部位进行修整。端部整形后,应重新检查相间绝缘是否错位或有无电磁线损坏。

图 1.64　用铁锤将绕组端部打成喇叭口

修剪相间绝缘时,应使边缘高出线圈 3～5 mm,如图 1.65 所示。

(a)　　　　　　　　　　　　　　　(b)

图 1.65　相间绝缘的修剪

（2）端部接线

接线前首先应将各绕组的出线端整理好，并且合理选定引出线端的出线位置，一般都将出线位置选在接线盒附近绕组的端部两侧。端部接线可按 U、V、W 的顺序逐相进行。将属于同一个线圈组（极相组）的所有线圈连接起来，再把各相的线圈组（或极相组）按相应的规律连接起来，组成相绕组。接线时应注意连接规律，如单层链式绕组当并联支路数 $a=1$ 时采用的是"头接尾、尾接头"的连接规律。连接时在需要接线的两线端上套入玻璃丝套管，套管长度以伸入线圈鼻端 20 mm 左右为宜。用弹性刮刀将导线绝缘漆层刮除，两线端可采取平行绞绕的方法进行连接。然后用电烙铁和焊锡、松香对线端绞绕处进行焊接，焊好后电烙铁要平移离开焊接处，以免在该处留下焊锡尖端，刺破绝缘。之后用绝缘套管或绝缘漆布带半叠包两层将连接线焊接处的绝缘处理好。

（3）焊接

根据出线位置，量引出线电缆长度后予以剪断，并剥去引线电缆接线处的绝缘层，将其与刮去漆层的绕组引线端连接，并焊接牢固。之后将引线电缆的连接处用漆布带包好，并在包好的绝缘漆布带外套入大小适宜的玻璃丝套管。

（4）端部包扎

在电动机启动、运行的过程中，虽然定子绕组并不转动，但其电磁线受到电磁力作用时会发生振动，故绕组端部须包扎结实。通常容量较大的电动机每个线圈的端部都必须包扎，其余电动机可在嵌完线后再统一包扎。以上过程的注意事项如下所述。

①端部整形，应使端部线圈紧实，厚度相同，平面高度一致，两端线圈伸出槽口高度相同，排列整齐并形成一个圆形的角度适当的喇叭口（15°～20°），这样，整齐美观，运行时通风良好，便于装卸转子进出方便。

②绕组喇叭口外圆边与定子壳内口（止口）边应有一定距离（约 10 mm）。

③将电动机两端绕组相与相之间用绝缘纸隔开，绝缘纸应插到槽绝缘纸上。然后将端部绝缘纸多余部分尽量沿线圈边剪掉，便于绕组散热，剪端部绝缘纸时应注意不要剪伤、剪断线圈。

④应将原线圈绑扎线剪掉。

⑤为了防止端部相间绝缘纸脱落及因电动机运行振动使线圈之间摩擦，造成短路，应绑扎固定端部绝缘、端部连线，使端部不松散，且两端美观，浸绝缘漆后绕组固定为一整体，增加机械强度。注意绑扎应松紧适度。

⑥绑扎时应注意相与相之间应可靠隔离，防止绑扎时端部绝缘纸脱离。

⑦先整形绑扎非引线端，非引线端绑扎应均匀相等，横连线应贴在线圈顶部，沿圆弧线绑扎，横连线不要悬空，使其美观。若线圈有接头，此时应将接头接通，焊锡使之接触可靠，不易氧化，并导上绝缘套管，绑扎在线圈端部。

⑧引出线端同样按上述步骤整形、垫端部绝缘，连完线后再在需要处绑扎，使端部连线线头套管在端部顶上放置均匀。

5. 绕组的检验

在绕组的嵌线和接线工作完成后,必须对绕组进行相应的检验,以确保电动机的修理质量。检验项目主要有外表检查、直流电阻测量、绝缘电阻测量、绕组首末端检测、耐压试验等。

外表检查的具体内容如下:

首先应检查绕组两端伸出的长度是否一致,喇叭口大小是否合适,通常三相异步电动机定子绕组端部内圆应略大于定子铁芯内径,绕组端部外圆则应略小于定子铁芯外径。其次应检查槽底绝缘是否有破损,槽口绝缘是否将槽中导线全部包折好,端部相间绝缘是否垫到位。最后应检查槽楔的长度是否符合要求,槽楔是否有高出槽口的部分,以及在槽内是否有松动等。

绝缘电阻测量、直流电阻测量、绕组首末端检测、耐压试验的具体操作方法详见任务三相关内容,此处不再赘述。

任务四　定子绕组的浸漆与烘干

【任务描述】三相异步电动机在重换绕组后都要进行预先干燥(或称预烘)、浸漆处理、浸漆后烘干等处理过程,以提高电动机绕组绝缘的性能,延长其使用寿命。

1. 预先干燥

预先干燥的目的在于去除铁芯、绕组、绝缘材料中所含的潮气和水分。该过程中应特别注意选择适当的干燥温度和干燥时间。干燥温度根据电动机的耐热等级和绝缘材料的干燥性能而定。根据实际经验预先干燥的温度可按下式选择:

预先干燥温度 = 绝缘标准耐热温度 + (10~20 ℃)。

若采用超过标准耐热温度 20 ℃ 以上的预烘温度,则绝缘的老化速度将会加快,这是不允许的;另外,预烘时要注意电动机各个部位受热均匀,否则可能造成电动机铁芯和绕组局部过热,若遇到这种情况则可将预烘时间缩短,通常重换绕组浸漆前的预烘时间为 4 h 左右。

2. 浸漆处理

重换绕组在经过预烘阶段后,待其冷却到 50~70 ℃ 时就可以进行浸漆处理。电动机绕组浸渍时,绝缘漆的漆面应高于电动机顶部 100 mm 以上,待漆槽中停止冒气泡 10~20 min 后再将电动机吊起,滴干余漆。滴干余漆的时间随漆的黏度和电动机的尺寸而定,一般为 15~30 min。绕组上的余漆滴干后,电动机其余部分的余漆也应仔细擦拭干净,特别是定子铁芯内圆要用粘有少量汽油、甲苯或松节油等溶剂的布擦拭干净。

3. 绕组的烘干

余漆滴干后,即可进行烘干过程,目的是使漆中的溶剂和水分挥发掉,使绕组表面形成坚固的漆膜。

1）烘干过程

烘干过程包括低温阶段和高温阶段。

（1）低温阶段

其目的在于使漆中的溶剂挥发掉。此阶段温度控制在 70~80 ℃,时间 2~3 h,这样溶剂挥发较缓慢,以免表面很快形成漆膜,导致内部气体无法排出、产生气泡、绕组表面形成许多气孔或烘不干。

（2）高温阶段

其目的在于使漆基氧化,在绕组表面形成坚固的漆膜。此阶段温度控制在 130 ℃左右,时间 6~18 h,具体时间由电动机尺寸和浸漆次数而定。通常认为绕组对地绝缘电阻在 5 MΩ 以上,烘干过程才算结束。

2）烘干方法

绕组的烘干主要采用电流干燥法。该方法是将电动机绕组按一定的接线方法输入低电压,利用绕组本身的铜损发热进行干燥。该方法又可分为并联加热法、串联加热法、混联加热法、Y 加热法和△加热法,分别适用于不同的场合。

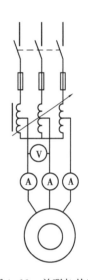

图 1.66　并联加热法

（1）并联加热法

如图 1.66 所示,用三相调压器将电源电压降低后向并联的三相绕组送电,一般将供电电流调到额定值的 60% 左右。这种方法适用于中小型电动机绕组的烘干。

（2）串联加热法

若电动机的 6 根引出线都在接线板上,可采用此法。此法又可分为开口三角形加热法和头接头、尾接尾串联加热法,分别如图 1.67 (a)、1.67(b)所示。

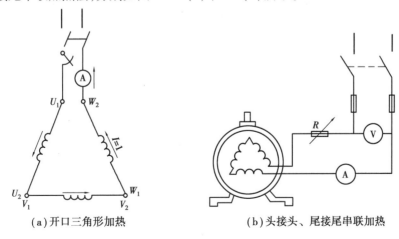

（a）开口三角形加热　　　　　　　（b）头接头、尾接尾串联加热

图 1.67　串联加热法

（3）混联加热法

如图 1.68 所示,先将其中两相绕组分别短接,然后将未短接的一相绕组通入低压交流电流,每隔 5~6 h 应依次将低压电源换接到另一相,将原来接电源的一相短接。该方法适用于功率较大的电动机。

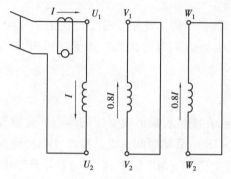

图 1.68　混联加热法

（4）Y 加热法和△加热法

这两种方法适用于修理现场有三相调压器的场合,其优点为不需要改动接线,分别如图 1.69、图 1.70 所示。

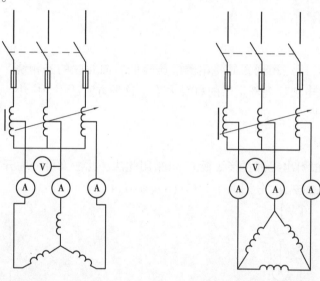

图 1.69　Y 加热法　　　　　　图 1.70　△加热法

除电流干燥法外,绕组的烘干方法还有烘箱干燥法、灯泡干燥法、热风干燥法等。对烘干后的绕组须进行相应检验,以确保电动机的修理质量,检验项目及方法详见项目二相关内容,此处不再赘述。

复习思考题一

1. 三相异步电动机主要包含哪些组成部分？各部分的作用是什么？

2. 简述三相异步电动机的转动原理。

3. 三相异步电动机的铭牌包含哪些重要参数？每个参数的含义是什么？

4. 三相鼠笼式异步电动机的拆卸和装配的步骤分别是怎样的？

5. 电动机装配完毕后应进行哪些项目的检验？

6. 定子绕组的拆除方法有哪些？为什么实际中较少采用热拆法？

7. 试画出单层 24 槽 4 极电动机的三相定子绕组展开图（并联支路数 $a=1$，采用单层链式绕组），并简述嵌线工艺。

8. 定子绕组浸漆后有哪些烘干方法？每种方法分别适用于什么样的场合？

项目二
三相异步电动机的检测与试验

知识目标

理解三相异步电动机各个检测试验的目的和原理;掌握相关电气试验的方法;掌握各种仪表的使用方法。

能力目标

能正确选择和使用各种测量仪表,正确读取仪表数据;能根据检测结果判断电动机的性能。

安全注意事项

1.拆除电机线前先验电,验明无电后方可拆线,并做好接线相序记录。

2.拆开的引线应用铁丝短路并接地,防止误送电造成人身伤害。

3.测量绝缘电阻或耐压试验后,应将绕组对地放电数次。

4.检测与试验过程中,人体各部分及测试工具不得触及电动机的旋转部分。

5.电动机通电试验前,应首先验明电动机外壳是否带电,接地是否良好。

6.耐压试验应在电动机静止状态下进行,试验电压加于绕组与机壳之间,铁芯和其他不参与试验的绕组均应与机壳相连。

7.检测与试验过程中,一旦发生异响、焦臭、冒烟起火、剧烈振动、超温、过流等异常现象情况,应立即停车处理。

8.耐压试验时,若绝缘有损坏,可能出现冒烟或发出异常声响等现象,此时应立即断电,并将绕组接地放电后进行检查。在完全放电之前严禁靠近绕组进行测试工作,以免发生触电事故。

三相异步电动机在经过大修或更换定子绕组后,应进行必要的检测试验,以保证电动机的修理质量和运行的安全可靠性。检测试验的项目主要有:定子绕组首末端的判别;定子绕组绝缘电阻、直流电阻的测量;定子绕组的耐压试验。

任务一 定子绕组首末端的判别

【任务描述】三相异步电动机的定子绕组必须按照一定的规则嵌线和接线,如果某相接错,将使电动机不能正常运行,甚至烧坏绕组。因此,定子绕组首末端的判定十分重要。判别定子绕组首末端的方法有 3 种:万用表测定法、绕组串接测定法和剩磁感应法。

1.万用表测定法

利用万用表测定法判断绕组首末端的具体步骤如下所述。

(1)判断每相绕组的两个出线端

将万用表调到欧姆挡,根据指针的偏转情况可辨别出哪两个出线端属于同一相(属于同一相的两个出线端之间电阻值很小,指针偏转大;属于不同相的两个出线端之间电阻值无穷大,指针不偏转),如图 2.1 所示。

(2)判断其中两相绕组的首末端

将万用表调到毫安挡,再将任意一相绕组的两根引出线接到表上,并指定接万用表的端钮"＋"端的为该相绕组的首端 U_1,接万用表的端钮"－"端的为尾端 U_2,然后将第二相绕组的两根引出线分别接干电池的正极和负极,如图 2.2 所示。若干电池接通瞬间,万用表表针正偏,则与电池"＋"极相连的引出线端头为第二相绕组的首端 V_1,与电池"－"极相连的引出线端头为第二相绕组的尾端 V_2;若表针反转,则第二相绕组的首、末端与上述情况相反。

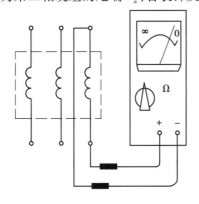

图 2.1 判断同一相的两个出线端

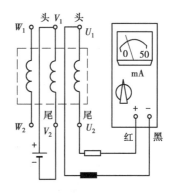

图 2.2 用万用表判断绕组的首末端

(3)判别第三相绕组的首末端

万用表接线保持不变,将第三相绕组的两个引出线端头分别接在干电池的正极和负极上,用同样的方法判断出第三相绕组的首末端。

这种用万用表和电池判断电动机定子绕组首末端的方法,是利用转子铁芯中的剩磁在定子三相绕组内感应出电动势的原理进行的。另外,也可用测变压器同名端的方法来区分绕组的首末端。

2.绕组串接测定法

先用万用表测定法中第一步的方法区分出三相绕组后,设定每相绕组的首末端,并接成如图2.3所示的电路。将一相绕组接通36 V低压交流电,另外两相串联起来接上灯泡,若灯泡发亮,表明相连的两相绕组为首尾相连;若灯泡不亮,则表明相连的两相绕组不是首尾相连。这样便可确定这两相绕组的首末端。之后再用同样的方法判断出第三相绕组的首末端。

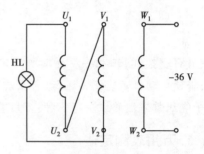

图2.3 用绕组串接法判断绕组的首末端

3.剩磁感应法

应用此法要求转子中必须有剩磁,即必须是运转过的电动机。剩磁判别法的接线如图2.4所示。操作步骤如下所述。

①首先把万用表调至低电阻挡,用万用表测定法中第一步的方法判断出每相绕组的两个出线端。

②将万用表调至直流毫安挡,并将电动机的三相绕组并联在一起,用手转动电动机的转子,若万用表表针不动,表明定子绕组3个首端U_1、V_1、W_1相并,3个末端U_2、V_2、W_2相并,如图2.4(a)所示。若表针摆动,表明部分相首末端接反,如图2.4(b)所示。这时,应逐相分别对换首末端后重新试验,直到万用表指针不动为止。

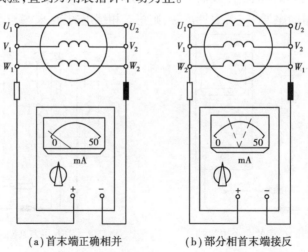

(a)首末端正确相并　　　　　　(b)部分相首末端接反

图2.4 用剩磁感应法判断绕组首末端

任务二　定子绕组绝缘电阻的测量

【任务描述】电动机绕组在嵌线的过程中，由于装配、维修人员的疏忽，可能造成绝缘被损坏，引起对地短路或相间短路故障的发生。通过绝缘电阻的测量，可判断出故障的类型及发生故障的位置，以便及时处理。

1.定子绕组绝缘电阻的测量

定子绕组绝缘电阻的测量包括测量绕组对机壳的绝缘电阻及绕组各相之间的绝缘电阻两方面的内容。

（1）测量绕组对机壳的绝缘电阻

将三相绕组的末端 U_2、V_2、W_2 用裸铜线连在一起。兆欧表 L 端子接任一绕组首端；E 端子接电动机外壳。以约 120 r/min 的转速摇动兆欧表的摇把，约 1 min 后，读取兆欧表的读数，如图 2.5 所示。

（2）测量绕组各相之间的绝缘电阻

将三相绕组末端连线拆除。兆欧表两端分别接 U_1 和 V_1、U_1 和 W_1、W_1 和 V_1，用同样的方法测量各相间的绝缘电阻。

测量绝缘电阻时应注意以下几点：

①测量绝缘电阻前须先将所测设备的电源断开，并将被测设备短路放电，以确保人身和仪表的安全。

图 2.5　用兆欧表测量绕组对地绝缘电阻

②应根据电动机的额定电压选择兆欧表的电压等级(额定电压低于 500 V 的电动机,选用 500 V 的兆欧表测量;额定电压在 500～3 000 V 的电动机,选用 1 000 V 兆欧表测量;额定电压大于 3 000 V 的电动机,选用 2 500 V 兆欧表测量),以避免被测物的绝缘被击穿。

③测量前,应先对兆欧表做一次开路和短路试验。开路试验是指将兆欧表两个接线端开路,摇动兆欧表发电机手柄,使转速达到额定转速,观察指针是否指向"∞"处。短路试验是指慢摇发电机手柄时,将两根连接线相碰,观察表针是否指向"0"处。如未出现以上现象,表明兆欧表有故障,应修复或更换。

④测量时,应将未被测量的绕组与电动机外壳用导线连接。

⑤使用兆欧表时,转动手柄应由慢到快,并保持一定的转速,转速以 120 r/min 左右为宜,允许有 ±20% 的误差。

⑥如果被测物短路,表针指向"0"时,应立即停止摇动手柄,避免兆欧表过流损坏。

⑦测量完毕后,应用接地导线接触绕组进行放电,然后再拆下仪表连线,否则手动拆线时可能遭受电击。

2. 测量结果的判定

国家电动机行业标准规定,电动机处在热状态时的绝缘电阻最低限值为:

$$被测电动机额定电压(V) \div 1\ 000\ (M\Omega)。$$

电动机修理行业一般只测量冷态时的绝缘电阻值,并按上述标准的 10～50 倍进行考核。对于 500 V 以下的电动机,其绝缘电阻不应低于 0.5 MΩ。绕组全部更换后的电动机,其绝缘电阻应不低于 5 MΩ。

任务三　定子绕组直流电阻的测量

【任务描述】电动机绕组在嵌线的过程中,由于装配、维修人员的疏忽,可能出现导线被嵌断及线圈匝间短路的情况,导致电动机无法正常运行,甚至造成人身事故。因此,对于装配好的电动机,有必要进行绕组直流电阻的测试。

1. 直流电阻的测量方法

以 QJ44 型双臂电桥为例,介绍绕组直流电阻的测量方法。QJ44 型双臂电桥如图 2.6 所示。

测量绕组直流电阻的接线如图 2.7 所示。

图 2.6　QJ44 型双臂电桥

图 2.7　测量绕组直流电阻的接线图

测量步骤如下：

①安装好电池,外接电池时应注意正、负极。

②接好被测电阻 R_x,将 C1、P1 接在被测电阻的一端,将 C2、P2 接在被测电阻的另一端。测量 U 相直流电阻时的接线如图 2.8 所示。

图 2.8　测量 U 相绕组直流电阻的接线图

49

③将电源开关拨向"通"的方向,接通电源。

④调整调零旋钮,使检流计的指针指在"0"位。一般测量时,将灵敏度旋钮调到较低的位置。

⑤根据估计的被测电阻值,预选倍数旋钮或大数旋钮,倍数与被测值的关系见表 2.1 所示。

表 2.1　QJ44 双臂电桥与测量范围对应表

被测电阻范围/Ω	1 ~ 11	0.1 ~ 1.1	0.01 ~ 0.11	0.001 ~ 0.011	0.000 1 ~ 0.001 1
应选倍率(×)	100	10	1	0.1	0.01

⑥先按下按钮 B,再按下按钮 G。先调节大数旋钮,粗略调定数值范围,再调节小数值拨盘,细调确定最终数值,使检流计指针指向"0"位。

检流计指零后,先松开按钮 G,再松开 B。测量结果为:

(大数旋钮所指数值 + 小数值拨盘所指数值)×倍数旋钮所指倍数。

⑦测量完毕,将电源开关拨向"断",断开电源。

测量直流电阻时应注意以下几点:

①合理选择电桥。绕组直流电阻小于 1 Ω 时用双臂电桥测量,大于 1 Ω 时可用单臂电桥测量,电桥的准确度等级不得低于 0.5 级。三相异步电动机定子绕组每相的直流电阻值与其额定功率有关,通常为:10 kW 以下,1 ~ 10 Ω;10 ~ 100 kW,0.05 ~ 1 Ω;100 kW 以上的高压电动机为 0.1 ~ 5 Ω,低压电动机为 0.001 ~ 0.1 Ω。

②若按下按钮 G 时,指针很快打到"＋"或"－"的最边缘,则说明预调值与实际值相差较大,此时应先松开按钮 G,调整部分旋钮后,再按下按钮 G 观看调整情况。检流计指针长时间偏在边缘处会对检流计造成损害。

③B、G 按钮分别负责电源和检流计的通断,使用时应注意其操作顺序。

④长时间不使用时,应将电桥的内装电池取出。

2. 测量结果的判定

所测各相直流电阻值的误差与三相平均值之比不得大于 5% ,即:

$$\frac{R_{\max} - R_{\min}}{R_{\mathrm{av}}} \leqslant 5\% \tag{2.1}$$

如果超过此值,说明有短路现象,应仔细检查并排除故障。

任务四　定子绕组的耐压试验

【任务描述】电动机定子绕组更换时,在嵌线、接线的过程中,可能发生绝缘损坏的情况。所以当绕组经过上述工序后,应对绕组的对地绝缘和相间绝缘做耐压试验,若发现绕组绝缘损坏时应及时处理。

1．耐压试验装置的工作原理

简易耐压试验装置接线图如图2.9所示。

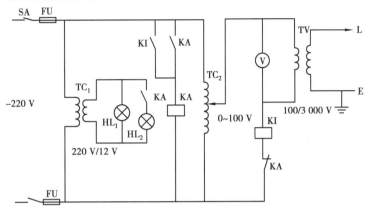

图2.9 简易耐压试验装置接线图

该试验装置的工作原理如下：

①当接好被测电动机后，接通电源，绿色指示灯 HL_1 亮。

②通过调压器 TC_2 慢慢升高副边电压，从而使升压器TV(可采用1∶30的电压互感器代替)副边电压升高。该输出电压大小可通过电压表读出(读数×30)。

③升压时，试验电压由半值升高到全值的时间不应小于10 s，全值电压保持1 min未被击穿为合格。

④逐渐降低电压，再切除电源，并对被测绕组对地(机壳)放电。

⑤若绝缘被击穿，TV原边电流增大，电流继电器KI动作，使中间继电器KA动作而断开升压器TV的电源，同时红色指示灯 HL_2 亮，发出警告。

2．耐压试验的接线方法

对异步电动机的耐压试验应包括：绕组对地和绕组与绕组之间的耐压试验。为简化试验程序，可采用如图2.10所示的接线图。

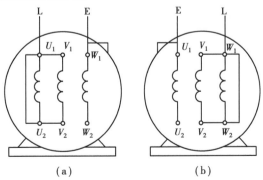

图2.10 耐压试验时电动机绕组的接线

图2.10(a)所示的耐压试验检测U、V相绕组对W相绕组和对地的绝缘情况；图2.10

(b)的耐压试验检测 V、W 相绕组对 U 相绕组和对地的绝缘情况。这样,只需做两次试验便可检测出三相绕组间及它们对地的绝缘情况。

若绝缘击穿点在外面,断电后查找并排除故障,经绝缘处理后重做该试验,观察击穿闪光点位置是否还有放电现象。

380 V 及以下三相交流电动机做交流耐压试验时,采用 1 000 V 绝缘摇表 1 min,替代交流耐压,未浸漆和总装后均应进行耐压试验。

复习思考题二

1. 电动机的定子绕组更换后需要进行哪些检测和试验?为什么要进行这些检测和试验?

2. 试说明用万用表判断定子绕组首末端的基本思想和具体步骤。

3. 在测量定子绕组绝缘电阻时应如何选择兆欧表?简述兆欧表的使用方法。

4. 简述定子绕组直流电阻的测量方法。测量结果是如何判定的?

5. 简述耐压试验装置的工作原理。三相异步电动机的耐压试验包括哪些方面?

项目三
三相异步电动机的运行与维护

 知识目标

掌握电动机使用前应检查的项目及检查方法;了解电动机的启动操作技术规程;掌握电动机运行过程中监视、维护的方法。

 能力目标

能识别电动机的各种故障现象,并判断故障发生的原因。

 安全注意事项

1.工作人员务必穿戴合格的工作服、工作帽、电工绝缘皮鞋,袖口应扎紧,女工作人员的辫子禁止外露。

2.在维护电动机前,应首先验明电动机外壳是否带电,接地是否良好。

3.人体各部分及维护工具不得触及电动机的旋转部分。

4.试车过程中,一旦发生异响、焦臭、冒烟起火、剧烈振动、超温、过流等异常现象情况,应立即停车处理。

5.不得令绝缘漆或绝缘材料的挥发物接触明火。

6.使用压缩空气吹扫灰尘时,注意空气的过滤,不能将水吹到绕组上。

7.电动机运行时应定期检查其温升(常用温度计测量),注意使其不超过最大允许值。

8.电动机运行时应监听轴承有无异常杂音,注意其密封是否良好,并定期更换润滑油。

为保证电动机的正常运行,延长其使用寿命,必须重视电动机的运行与维护工作。电动机的运行包括启动过程和正常运行两个方面,这两个方面的操作技术和维护工作是经常性的。如果对电动机使用不当或误操作,可能引发各种故障,不仅影响劳动生产率,还会带来一定的经济损失。因此,电动机的使用和维修人员有必要掌握电动机的启动操作技术规程,以及运行过程中的监视维护与日常保养的基本知识与常用技巧。

任务一 电动机使用前的检查

【任务描述】对新安装或长期停用的电动机,在通电使用前必须进行一系列的检查工作。对正常运行的电动机再启动前,也应进行相关的检查。对检查到的异常现象必须及时加以纠正后,方可将电动机通电使用。

1. 对新安装或长期停用的电动机进行使用前的检查

对于新安装或长期停用的电动机,在通电使用前,应进行下述检查工作:

①清扫安装场地的垃圾和灰尘。

②检查并清除电动机内部的灰尘和杂物。一般可用不大于 0.2 MPa(2 个大气压)的干燥压缩空气吹净各部分的污物。如无压缩空气,也可用手风箱(俗称皮老虎)吹,或用干抹布抹,不应用湿布或沾有汽油、煤油、机油的布抹。

③检查电动机铭牌上的电压、频率和电源电压、频率等是否相符。

④检查电动机轴承的润滑脂(油)是否正常,观察是否有泄漏的迹象,转动电动机转轴,看转动是否灵活,有无锈蚀、卡阻现象或其他异常声响。

⑤拆除电动机出线端上的所有外部接线,用兆欧表测量电动机各相绕组之间和绕组与地之间的绝缘电阻,通常绝缘电阻大于 0.5 MΩ 才能使用,否则要进行干燥处理并再次测量,直到合格后方能使用。绝缘电阻的测量方法详见项目二相关内容。

⑥检查并拧紧各紧固螺丝和地脚螺栓。

⑦检查电动机和启动设备的金属外壳是否可靠接地。

⑧检查电动机电源引线、保护装置(包括自动开关、闸刀、熔断器、热继电器等)的选用和整定是否正确。

⑨检查电流表、互感器、电压表及指示灯等能否正常工作。

⑩检查启动设备的技术规格和质量是否符合要求。

⑪按照电动机铭牌规定的定子绕组接线方法接好电源,接好后可先接通电源空载运行,观察旋转方向与实际要求是否一致,如果不一致,可将电源断开,打开接地盒,将电源引入线的任意两根换接一下。然后空转 15～30 min,运转中注意观察有无异常声响、轴承漏油及电动机发热现象。

2. 对正常运行的电动机进行再启动前的检查

①检查三相电源是否有电,电源电压的变动是否在电动机额定电压的 ±5% 以内。

②检查连接器的螺栓和销子是否紧固;皮带松紧是否合适,机组转动是否灵活,有无摩擦、卡住等现象。

③消除电动机上及周围的灰尘、杂物和易燃品等。

任务二 电动机启动与停车的注意事项

【任务描述】如果电动机启动与停车过程中操作不当,可能引发各种故障,不仅影响劳动生产率,还会带来一定的经济损失。因此,电动机的使用和维修人员有必要掌握电动机启动与停车操作的技术规程。

1. 电动机的启动要求及注意事项

①电动机启动时必须提醒在场人员注意,不应站在电动机及被拖动设备的两侧,以免旋转物切向飞出造成人身伤害。拉合刀闸时操作人员应站在一侧,防止电弧烧伤。

②接通电源之前就应做好切断电源的准备,以便在出现不正常的情况(如电动机不能启动、启动缓慢、出现异常声响等)时能立即切断电源。

③用补偿器(自耦变压器)或 Y-△ 启动,要特别注意操作规程及先后次序和方法。用补偿器启动时要先将手柄推到"启动"位置,待电动机转速上升到一定数值时,再迅速拉到"运行"位置。如用 Y-△ 转换器启动,应先按下"启动"按钮,待转速达到一定数值时,再按下"运行"按钮。

④当几台电动机共用一台变压器时,不允许同时启动,应出功率从大到小逐台启动,以免引起多台电动机同时启动使线路电流骤增,造成电压过低、启动困难或开关跳闸等不良后果。

⑤一台电动机不能连续多次启动,一般而言,连续启动次数不宜超过 3~5 次。若电动机功率较大,还要随时注意电动机的温升情况。

⑥电动机启动时出现下列情况,应立即断开电源:

a. 启动时有嗡嗡声,转速很慢,启动很困难或无法启动。

b. 启动时火花不断。

c. 电动机温升超过允许值。

d. 轴承温度超过允许值。

e. 电动机剧烈振动,地角螺丝松动。

f. 电动机有焦煳味。

g. 电动机冒烟或起火,线圈烧坏。

h. 电动机内有异常响声。

i. 电动机定、转子相擦,振动声过大。

j. 电动机所带机械设备发生故障。

k. 电动机外壳发生漏电现象。

l. 电动机运转过程中被卡死。

造成上述现象的可能原因归纳起来有 3 个方面,如下所述。

①电源方面的原因。因电动机的启动转矩正比于电源电压的平方,电源电压过低会造成

启动困难；缺相也不能启动,应检查熔丝是否烧断、刀闸接头是否松动或接触是否紧固;用补偿器启动时,应考虑抽头选择是否合适。

②电动机本身的原因,如定子某相绕组局部匝向短路或断路会使电动机的电磁转矩变小;电动机定、转子装置不当。轴承偏心会使电动机扫膛(转子在旋转过程中与定子发生摩擦);一相绕组反接或连接不良等。

③负载方面的原因。如皮带太紧;被带动的机械有故障,转动不灵活,卡住;电动机的转轴校正不当等。

2. 电动机停车的注意事项

电动机停车时,应先断开电源、手动电源开关或按控制电路中的停车按钮。对于要求快速停车的场合,要注意制动的操作顺序。

任务三　电动机运行过程中的监视与维护

【任务描述】在电动机的运行过程中,要通过听、看、闻、摸等手段经常监视其运行情况,以便当电动机出现不正常现象时及时切断电源,排除故障。监视内容主要有:电流、温升、电压、振动、噪音等。

1. 电动机电流的监测

电动机电流的监测可以用电流表或钳形电流表测量电动机运行时的电流大小。正常情况下,按照国家规定的标准环境温度 40 ℃运行,电动机的线电流不应超过铭牌上的额定电流,否则电动机定子线圈将过热,影响使用寿命。

(1)环境温度与允许的输出电流大小

如果环境的实际温度低于 40 ℃,电动机可以适当地增大负载,即增大线电流。如果实际环境温度高于 40 ℃,引起电动机散热条件的恶化,则必须减小电动机的负载,从而减小线电流。

(2)三相电流不平衡及造成的原因分析

对较大功率的电动机,还要经常观察运行中电流是否三相平衡或超过允许值。如果三相电流不相等,允许其差值(最大的一相电流减去最小的一相电流对额定电流的百分数)不超过10%,否则三相电流不平衡可能是电源电压三相不对称而造成的。造成严重的三相电流不平衡的原因有:一相保险丝熔断造成电动机单相运行;绕组匝间有局部短路,而熔丝又烧不断;三相绕组某一相的一条并联支路或几条并联支路断路,造成三相阻抗不等;在接线时三相定子绕组中一相首末端接错;电动机相间短路。

(3)空载电流偏大

空载电流的大小与设计、导磁材料和制造水平等有关,还与电动机的功率和极数有关。

通常电动机在出厂前或换绕组后,都需要测试空载电流。若电动机空载电流超出正量范围,可能原因是:把定子绕组出线的 Y 连接误接成△连接;定子绕组匝数减少;定子绕组选用的漆包线规格不满足设计要求;嵌线出现差错;接线错误;定、转子相擦等。

2. 电动机温升的监测

电动机的输出功率和使用寿命均与温度有密切的关系。如果电动机的温升超过了铭牌上规定的允许值,就会加速绕组绝缘的老化,缩短电动机的使用寿命,严重时还可能烧毁电动机。在一般情况下,若温升在允许值内,则一台电动机可以使用 20 年;若温升超过允许值 8 ~ 10 ℃,寿命就会减少一半;若温升超过允许值的 40% 时,寿命只有几十天;若超过 125% 时,仅能运行几个小时。

1)测试方法

电动机温度测试常用的办法是用温度计测量,或用手触摸感觉其温度的高低。

用酒精温度计测量时,最好用锡箔包住温度计盛酒精的底部以增加接触面。将电动机上盖的吊环拧下,将温度计塞入吊环孔中,而后用棉絮塞紧孔隙。这种方法测量的温度比绕组最热处低 10 ℃ 左右。例如电动机采用 E 级绝缘,当环境温度为 40 ℃ 时,温度不能超过 110 ℃。温升不能超过 60 ℃(110 − 40 = 70 ℃,这里考虑了测量的温度比绕组最热处的温度低 10 ℃)。小型电动机通常没有吊环,可以把温度计的底部用锡箔包好后贴放在外壳上,用油灰加以固定即可,这种测量方式误差较大。

另一种较简单的方法是用手触摸外壳。注意用手摸之前先用试电笔试一下电动机外壳是否带电,以免发生触电事故。一般来讲,手放在电动机外壳上没有烫的感觉,说明电动机没有过热;若手感觉发烫并马上缩回,说明电动机已经过热。这时可在电动机外壳上滴几滴水,若水汽化但没有声响,说明过热不太严重;如果在汽化的同时还伴随噼噼的响声,说明电动机过热严重,要立即停止运行。

2)过热原因分析

引起电动机过热的原因较复杂,发热的部位也不单一,而每个部位过热可能有多方面的原因,下面分别予以介绍。

(1)定子绕组过热

由于绕组本身存在直流电阻,当有电流通过时因产生有功功率损耗而发热,且发热量与电流的平方成正比。正常情况只要电流不超过额定值,电动机的绕组不会过热;电流超过额定值越多,发热情况越严重。因此,引起电流增大的因素均将导致绕组过热,包括电源电压过高或过低、熔丝熔断、接触不良、电动机缺相运行、绕组匝间短路、接线错误、定转子相擦、设备不配套、负载过大、机械本身的故障等。

(2)铁芯过热

电动机的铁芯一般是由 0.5 mm 厚的导磁性能良好且相互绝缘的硅钢片叠成。电动机运行时由交变磁通产生铁耗而发热。若铁芯过热,多数是硅钢片间绝缘受损形成的片间短路或前面提及的绕组过热引起的。

（3）机械过热

机械摩擦会引起电动机过热,而轴承过热是造成机械摩擦的主要原因。此外还有缺油、油变质、杂质、轴弯曲、轴承零件磨损、电动机端盖或轴承安装不当等原因。

除上述原因外,还要注意电动机的工作环境和散热条件的好坏。如工作环境温度过高、通风不良、表面积灰、风扇叶片受损或安装不当等,也会因影响电动机散热从而引起过热。

3. 电动机电压的监测

（1）三相电压幅值的监测

由于电动机的电磁转矩与电压的平方成正比,所以一般要求电动机的工作电压不超过额定电压的 $\pm 5\%$。例如对于额定电压为 380 V 的电动机,其最低允许电压为 $380 - 380 \times 5\% = 361$ V,最高允许电压 $380 + 380 \times 5\% = 390$ V,即电压的变化范围应为 $361 \sim 390$ V。而实际上电源电压的变化与负载变化有关。如果电源电压长时间大幅变化,必须采取相应措施,如让电动机减载或间歇运行,避免电动机受到损坏。运行中电动机的电压可直接用电压表测量。

（2）三相电压不平衡的监测

三相电压的不平衡程度按照国家标准规定,在额定功率下,允许相间电压差不大于 5%,即:

$$\frac{U - U_\text{P}}{U} \times 100\% \ < 5\% \tag{3.1}$$

式中 U——任何一相的相电压,单位为 V;

　　　　U_P——三相平均电压,其值为 $U_\text{P} = (U_\text{U} + U_\text{V} + U_\text{W})/3$,单位为 V,其中 U_U、U_V、U_W 分别为 U 相、V 相、W 相的电压。

引起三相电压不平衡（或不对称）的原因有二:一是存在较大的单相负载,如电炉、干燥箱、电焊机等,二是电源发生单相断线,线路接点处接触不良。此时定转子绕组电流增大,电磁转矩减小,噪声增加,因此应严禁电动机在三相电压严重不平衡的情况下运行。

4. 监视电动机的振动与噪声现象

电动机在正常运行时,机身应该平稳,声音应该低而均匀。一旦在运行过程中发现机身振动加大,或出现噪声,则说明电动机出现了故障。

1）振动

电动机的振动包括电磁振动和机械振动。电磁振动主要是由气隙磁场相互作用引起的。此外气隙磁场中含有的高次谐波产生的谐波转矩,也会使电动机振动。机械振动的原因有:基础固定的不牢固或安装基础不平整;定、转子相擦;轴伸有弯曲或有裂纹;传动装置固定不良,传动接头松动;电动机装配质量差;电动机单相运行;匝间短路等。

2）噪声

电动机产生的噪声可分为三大类:通风噪声、机械振动噪声和电磁噪声。

（1）通风噪声

通风噪声为高速电动机(转速在 1 500 r/min 以上、风扇直径大于 200 mm)噪声的主要部分,它是电动机旋转时,风扇和转子的凸出部位使空气产生冲击和摩擦而引起,随风扇及转子圆周速度的提高而增强。

（2）机械振动噪声

机械振动噪声主要由滚动轴承引起,是低速中、小型电动机,尤其是转速在 1 500 r/min以下、风扇直径较小的电动机噪声的主要部分。电动机转子的振动,滚动轴承的损坏或严重缺油,以及轴承质量低劣都会使电动机发出噪声。为了减少电动机的轴承噪声,除正确选用轴承外,还应保证轴承装配后的正常工作游隙,并保证轴承清洁。

（3）电磁噪声

电磁噪声是电动机在运行中,由定、转子齿谐波磁通相互作用而产生的定、转子之间径向交变磁拉力引起的定子周期振动而发出。若定、转子槽配合选择不当、绕组节距选择不对、电动机接线错误、转子槽斜度不够,均会使电磁噪声提高。

除了上述各类噪声之外,在成品电动机试验和大修完毕的电动机做空载试验时,有时也会出现异常声响,如转子端环或转子风叶与定子绕组的绝缘纸之间相摩擦而产生的声音,这主要是由于相间绝缘纸垫不正或太大,必须打开电动机进行修整。

任务四 电动机的日常维护

【任务描述】为保证生产、生活的顺利进行,平时应加强对电动机及其余各种电器设备的维护,使其处于正常运行状态,若发现问题和故障应及时处理。按规定,对工作环境较恶劣的电动机,如灰尘多、常有潮湿气的电磨、粉碎机、轧花机等,通常每年应小修 2 ~ 3 次,大修 1次;对其他电动机,通常每年也应小修 1 次,大修 1 次。

1.电动机的小修

小修一般不分解电动机,就地进行的检查和修理。其内容有:

①清理机壳上及进风口上的灰尘、油垢和一切影响电动机散热的杂物。

②检查电动机内部是否遭受水的侵蚀,传动皮带张力是否合适。

③进行外观检查。

④检查接线盒压线螺丝的坚固程度,更换烧坏的螺丝。

⑤拆下轴承端面检查润滑油脂,如缺少应及时补充,对变脏变硬的要更换新油,对不良部件要及时更换。

⑥拆下电动机一端的端盖,检查定、转子之间气隙是否均匀,以判定轴承磨损情况。如果发现不均匀,应拆下轴承进行检查,若磨损严重要进行更换。

⑦检查开关触点及导线接头处的松动、腐蚀情况。检查三相触头同时接触同时分离的状

况,如发现其中某相触头不符合要求,必须进行修理。

⑧测量绕组对地绝缘电阻和相间绝缘电阻,若低于允许值,特别是当电动机受潮的时候,应进行干燥或浸漆处理。

⑨检查电动机外壳及轴承发热情况。

2. 电动机的大修

大修一般应安排在生产淡季进行。把电动机从生产机械上拆下,进行全面检查。

①将电动机全部拆开,先清理所有灰尘、杂物,尤其定子绕组上的积尘,可先用"皮老虎"将灰尘吹掉,然后用干布擦掉油污,必要时可用少量汽油擦净,以不损伤绕组绝缘漆为原则。擦洗完毕,再吹一次。

②用汽油或煤油清洗轴承并检查破损程度,然后加入新的润滑油脂,上油量一般为1/2~2/3,不能太满。此外,应使润滑油脂从轴承的一端加入,这样可以把没有清理掉的杂质和旧的润滑油脂从另一端顶出。

③用兆欧表检查电动机相间以及各相与地之间的绝缘电阻,各绝缘电阻值一般不应低于 1 MΩ,最低不能低于 0.5 MΩ。若不符合要求,应进行干燥或浸漆处理。

④检查绕组绝缘的老化程度。绕组线圈采用的绝缘材料,如绝缘漆、绝缘纸、套管等会因长期受热而变脆、变热,引起绝缘能力下降。若绝缘材料的颜色变深,说明老化较严重,此时应涂刷新绝缘漆并进行烘干处理。

若电动机大修后不马上使用,要注意保管,做好防潮、防锈蚀、防灰尘等工作。要将电动机放在清洁、干燥、通风良好的室内,且不应把电动机直接放在泥土地上,要用木板(或砖)垫起。

复习思考题三

1. 对新安装或长期停用的电动机,启动前应做哪些方面的检查?

2. 若电动机旋转方向与实际要求的方向不一致,可能是由什么原因引起? 应如何解决?

3. 电动机在运行过程中,为什么要对电流进行监视?

4. 电动机大修和小修的内容分别有哪些?

5. 如何判断电动机运行过程中是否过热? 产生过热现象的原因有哪些?

6. 电动机运行过程中的噪声有哪几类? 每一类噪声产生的原因分别有哪些?

项目四
三相异步电动机的故障检查与维修(知识拓展)

知识目标

掌握电动机机械故障的修复方法;掌握电动机电气故障的判断及修复方法。

能力目标

能通过观察电动机的各种故障现象,判断故障原因及故障部位,并采取相应的修复措施。

安全注意事项

1. 电动机故障检修前,应首先验明其外壳是否带电,接地是否良好。

2. 故障检修时,拆除电机线前先验电,验明无电后方可拆线,并做好接线相序记录。

3. 拆开的引线应用铁丝短路并接地,防止误送电造成人身伤害。

4. 在对绕组进行焊接时,要注意使焊接点平滑,焊锡不能掉入绕组内,避免产生新的故障。

5. 在检查定子绕组的接地故障时,测量绝缘电阻或耐压试验后,应将绕组对地放电数次。

6. 用划线板撬动绕组端部时,注意要沿铁芯齿部慢慢撬动,不能损坏绕组绝缘。

7. 故障维修完毕,封闭电动机前,应检查其内部有无遗忘物件。

8. 故障排除后应将电动机通电检查,看故障处理是否达到要求。

异步电动机的故障可分为电气故障和机械故障两大类。机械故障是指轴承、风叶、机座、端盖、转轴、铁芯等不导电部分的故障,一般通过肉眼观察可直接确定故障范围。电气故障包括各种类型的开关、按钮、熔断器、定子绕组及启动设备等导电部分的故障,一般须通过对电动机故障后的不正常现象进行认真分析判断后方能确定故障原因及范围,其中定子绕组发生故障的概率较大,因此针对电气故障的维修,大部分都是针对定子绕组的修理。

电动机发生故障后,必须迅速、准确地掌握故障发生的原因。但造成故障的因素较多,并且有些故障现象相同或相似,但造成故障的原因却不同,易于混淆,因此很难准确把握故障的原因及故障点。因此除须掌握电动机的原理、结构和性能外,对各种检测仪表的使用也必须非常熟练,如试电笔、万用表、兆欧表、钳形电流表等。

要迅速而又准确地判断故障原因,必须熟悉各种故障的特征,然后应用相关理论知识针对具体情况进行具体分析。

任务一 定子绕组故障的检查与维修

【任务描述】定子绕组是异步电动机十分重要且最薄弱的部位,其发生电气故障的概率较大,常见故障类型有绝缘电阻偏低、首末端接反、短路故障、接地故障、断路故障等,须详细了解每种故障的原因及后果,并掌握其修复方法。

1.定子绕组绝缘电阻偏低的原因及处理方法

通常对于额定电压在 1 kV 及以下的电动机,相与相之间的绝缘电阻及每相绕组对地的绝缘电阻应在 0.5 MΩ 以上。绝缘电阻偏低的电动机,若不及时处理继续通电运行,可能造成绝缘被击穿。

1)绝缘电阻偏低的原因

造成绝缘电阻偏低的原因通常有以下几种:

(1)绕组绝缘老化

由于电动机长时间运行,受电磁力及温升的影响,主绝缘出现龟裂、分层、断裂等轻度老化现象。

(2)制造材料或工艺问题

电动机在制造和维修时所用绝缘材料质量较差,或制造、维修人员技术不熟练,使得绝缘在嵌线或绕组整形时被人为损伤。

(3)绕组受潮

较长时间停用的电动机存放环境恶劣,如周围空气潮湿,雨水、腐蚀性气体侵蚀电动机等。

2)绝缘电阻偏低的处理

对于绕组受潮引起的绝缘电阻偏低,通常进行干燥处理即可。对于绝缘轻度老化或存在薄弱环节的绕组,干燥后还须进行一次浸漆与烘干。绕组浸漆与烘干的具体操作方法已在项目三中描述。

2.定子绕组首末端接反的检查及修复

在更换新绕组时,绕组接线常因电动机装配人员的疏忽而出现错误,可能造成电动机三相电流严重不平衡,噪声大、振动大、发热严重、转速降低、振动大、响声大,严重时将使绕组烧毁。其中,定子绕组首末端接反为最常见的错误类型,其多由于接电源线时装配人员的疏忽导致线头标记错误或不清造成。可用项目三中介绍的方法判断出绕组首末端,重新标记各端头标识,并正确接线。

3.定子绕组短路故障的检查与维修

绕组是电动机的心脏部位,是最容易损坏并造成电动机电气故障的部件。常见的定子绕组故障种类有绕组接地、绕组断路、绕组短路、绕组接错、嵌反及绕组绝缘电阻较低等。

1)定子绕组短路故障的分类

定子绕组短路故障可分为匝间短路和相间短路两种类型。

(1)匝间短路

正常情况下,导线表面都有绝缘层,所以各线匝之间是相互绝缘的。线圈内部的各个线匝是串联的,如图4.1(a)所示。定子绕组相邻的两个线匝由于绝缘漆皮破损而连接在一起形成的短路称为匝间短路,如图4.1(b)所示。线匝发生短路后电阻减小,在闭合回路中会产生很大的短路电流,可能将这一组或几组线匝烧毁。

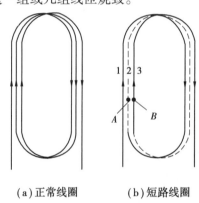

(a)正常线圈　　　　　(b)短路线圈

图4.1　正常与匝间短路线圈

造成匝间短路的主要原因是:漆包线的漆膜太薄或存在弱点;嵌线时损伤了匝间绝缘,或抽出转子时碰破了线圈端部的漆膜;长期高温运行使线匝之间绝缘老化变质。

(2)相间短路

三相绕组因相间绝缘损坏而形成的短路称为相间短路。相间短路产生造成很大的短路电流,并在短路处产生很高热量,严重时将导线熔断。

造成相间短路的主要原因是:绕组端部的相间绝缘纸或槽内层间绝缘放置不当,或尺寸偏小,形成相间绝缘的薄弱环节,被电场强行击穿而短路;线鼻子焊接处的绝缘包扎不好,裸露部分积灰受潮引起表面爬电;低压电动机极相组连线的绝缘套管损坏,高压电动机烘卷式绝缘的端部蜡带脆裂积灰,也能引起相间绝缘击穿。

2)定子绕组短路故障的检查

检查绕组线匝之间和相间短路的方法有以下几种:

①检查运行中的电动机短路故障时,应在停机后打开电动机,查看线圈的烧灼焦痕、变色之处。

②让待查电动机空载运行一段时间后马上停机并迅速将其拆开,通过触摸感受线圈的发热情况,通过嗅觉感受是否有焦煳味。

③利用电桥测直流电阻。可用双臂电桥分别测量三相绕组的直流电阻,电阻值较小的那一相为短路相。

④利用万用表或兆欧表测试。将三相绕组的首尾端全部拆开,用万用表或兆欧表测量相间电阻,阻值为零或明显偏小的那一相为短路相。

⑤利用电流平衡法查找短路相。将每相绕组串联一个电流表后并联[Y连接和△连接的接线图分别如图4.2(a)和4.2(b)所示],并通入低电压大电流的交流电,记下各电流表的读数,电流过大的那一相即为短路相。

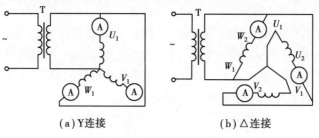

(a)Y连接　　　　　　　　　(b)△连接

图4.2　电流平衡法查找短路相

3)定子绕组短路故障的修复方法

(1)线圈间或匝间短路

其修复方法应视短路情况而定。若短路点在端部或在槽口处,只需将绕组加热软化并垫以复合绝缘材料修复即可;若线圈端部被碰伤引起匝间短路,可轻轻撬开线圈,在碰伤处涂上绝缘漆即可;若线圈间短路,则在短路部位垫上绝缘纸或刷绝缘漆即可;若电动机急需使用,可采用临时措施——跳接法,如图4.3、图4.4所示;若少数导线绝缘损坏严重甚至整个线圈烧坏,则须更换新绕制的线圈。

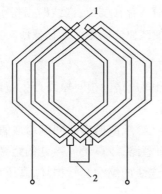

图4.3　绕组跳接示意图

1—剪断的短路线圈;2—跳接线

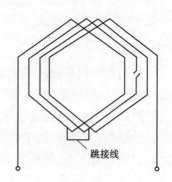

图4.4　线匝跳接示意图

(2)极相组间短路

这种类型的故障大多由连接线的绝缘套管未套好引起。可将绕组加热软化后,重新套好绝缘套管或用复合绝缘纸隔开。

(3)相间短路

若短路发生在绕组端部,可将绕组加热软化后,用划线板小心撬开故障处的线包,将预先准备好的绝缘纸垫上,绑好端部即可。

若相间短路发生在双层绕组的槽内,可能是由于层间绝缘未垫好或被击穿,可将绕组加热软化,拆出上层线圈,重新垫以新的层间复合绝缘纸,再将上层线圈嵌入槽内,封好槽,然后从绕组的一端浇绝缘漆,使漆沿着被修理的槽渗透到另一端,再烘干即可。

4.定子绕组接地故障的检查与维修

在正常情况下,定子绕组和铁芯之间相互绝缘,所以电动机外壳不带电。如果定子绕组绝缘损坏造成其与铁芯直接接触,相当于与外壳接触,形成绕组接地故障,且机壳带电容易引发触电事故。

1)定子绕组接地故障的原因

多种原因可引起接地故障的发生,包括:

①线圈受潮、绝缘老化、绝缘强度降低等引起电击穿接地。

②嵌线时损坏了导线绝缘和局部槽绝缘,或槽内绝缘纸垫不合适引起绕组接地。

③电动机在有腐蚀性气体的环境中工作,使绕组绝缘性能降低。

④金属异物或有害尘埃等杂物进入电动机内部,或电动机内部有潮气和油污,也可能损坏绕组绝缘,造成接地故障。

2)定子绕组接地故障的检查

定子绕组接地故障的检查可采用以下3种方法,如下所述。

(1)直接观察

接地点通常易发生在线圈端部或与槽口接近的地方,且绝缘外表常有破损、焦黑痕迹。

(2)用校灯检查

如图4.5所示,拆下电动机的接线盒上盖,并且拆除绕组的铜质连接片将交流220 V电源中性线 N 直接和接线盒内的外壳接地螺丝(或电动机的外壳)连接;校灯的另一根引出线依次与三相绕组的引出线首端 U_1、V_1、W_1(或尾端 U_2、V_2、W_2)3 个线头触及。若灯泡不亮,表明被测绕组绝缘良好;若灯泡发亮,则表明被测绕组有接地故障。查出故障后应立即拆开电动机,抽出转子。用木片敲击槽口处线圈,灯光闪动时的敲击处为接地点。

(3)用兆欧表检查

将兆欧表的 L 接线柱用导线与某相绕组的一端相连,E 接线柱与机壳裸露部分相连,用 120 r/min 的转速摇动兆欧表手柄,逐相检查对地绝缘电阻。若所测绝缘值在 0.5 MΩ 以上,

图 4.5 用校灯检查绕组接地故障

说明被测绕组绝缘良好;在 0.5 MΩ 以下或接近零,说明绕组已受潮或绝缘很差;如果被测绝缘电阻值为零,同时有的接地点还会发出放电声响或出现微弱的放电现象,表明绕组已接地;若指针摇摆不定,表明绝缘已被击穿。为进一步找到故障点,可将兆欧表与被测电动机分开一定距离(但兆欧表仍接在故障相上),加长兆欧表接线长度以在电动机处听不到兆欧表工作时发出的嗡嗡声为佳。一人操作兆欧表,一人在电动机旁静听放电声,根据发声部位寻找接地点。若在黑暗处或夜间,用兆欧表摇测的同时,有放电火花的地方为接地点。

3)定子绕组接地故障的修理

由于绕组接地故障的部位不同,接地的原因不同,检修的方法也不一样。如果接地点在线圈端部,而且烧伤也不严重时,只要在接地处垫好绝缘纸再涂绝缘漆即可,不必拆除线圈;如果接地点在铁芯槽中,可用穿线修补法修复故障线圈,或将故障线圈拆除并更换新线圈;如果整个绕组受潮,则须将绕组适当加热,浇上绝缘漆烘干;如果绕组绝缘老化变质,就必须更换;如果属于多点接地,线圈损坏较严重时,应把绕组全部拆除并更换新绕组;有时因槽内铁芯硅钢片凸起而割破线圈漆皮,这时应先把凸起处修平,再对导线割破绝缘漆皮的地方重新进行绝缘处理。

用穿绕修补法修复故障线圈的过程为:先将定子绕组在烘箱内加热到 80 ~ 100 ℃,使线圈外部绝缘软化,再打出故障线圈的槽楔,将该线圈两端用剪线钳剪断,并将此线圈的上、下层从槽内一根根抽出(抽出时应注意勿碰伤相邻线圈)。原来的槽绝缘是否更换视实际情况而定。用原有规格的导线,量得与原线圈相当的长度(或稍长些),在槽内来回穿绕到原有匝数,一般而言,穿到最后几匝时很困难,此时可用比导线稍粗的竹签做引线棒进行穿绕,一直到无法再穿绕为止,比原线圈稍少几匝亦可。穿绕修补后,再进行接线和烘干、浸漆等绝缘处理。如果是双层绕组,短路线圈在下层,在修理时,须将上层线圈向上轻拉出槽外,再用上述方法处理。

5. 定子绕组断路故障的检查与维修

1)定子绕组断路故障的原因及危害

电动机定子绕组内部连接线、引出线等断开或接头松脱所造成的故障称为绕组断路故障。断路故障分为线圈导线断路、一相断路、并绕导线中一股断路及并联支路断路等。造成绕组断路故障的原因有很多,如焊接线头不牢固,过热松脱;绕组受机械应力的影响而碰撞、振动造成断裂;保管不善发生霉变或被老鼠等动物咬伤;局部线圈间短路长期运行而熔断;对多根并绕或多支路并联绕组断股未及时发现,运行一段时间后发展为一相断路;绕组内部短路或接地故障使导线被烧断。

当定子绕组中有一相断路时,若三相绕组采用 Y 连接,启动时转子将左右摇摆不能启动。若负载运行时突然发生一相断路,电动机可继续运转,但电流增大并发出低沉声音,重载时会突然发生一相断路,造成电动机温升过高甚至冒烟。若三相绕组采用△连接,发生一相断路事故后仍能启动运行,但转速降低、转矩变小,三相电流不平衡并伴有异常响声。

2)定子绕组断路故障的检查

当电动机定子绕组发生断路故障时,可采用仪表(万用表、兆欧表等)或校灯检查。

(1)万用表(或兆欧表)检查法

将电动机接线盒的三相绕组的头尾全部拆开。将万用电表置于 R×1 或 R×10 挡上,分别测量三相绕组的直流电阻值。对于单线绕制的定子绕组而言,若万用表指针无偏转或偏转很小,表明该相绕组断路。

(2)校灯检查法

其原理和方法与用万用表检查类似。首先拆开电动机的接线盒,查看电动机的接线,如图 4.6(a)所示。

①若三相绕组采用 Y 连接,这时线圈尾端 U_2、V_2、W_2 的 3 个线头的连接点(中性点)不用拆开,将 220 V 电源的中性线与中性点相连,检验灯的一根引出线线头依次与三相绕组首端 3 个线头 U_1、V_1、W_1 触碰,如图 4.6(b)所示。若灯泡亮,表明该相绕组正常;若灯泡不亮,则断线故障在被测的该相绕组内。

②若三相绕组采用△连接,三相定子绕组共有 6 个引出线头,U_1 与 W_2、V_1 与 U_2、W_1 与 V_2 两两线头用铜质连接片连接,应拧开螺母,使每个线头悬空,如图 4.6(c)所示。将校灯的一根出线头与 220 V 交流电源相线连接,将校灯的另一根引出线头和电源中性线引出线头,分别与各相绕组引出线首尾接触,即 U_1 与 U_2、V_1 与 V_2、W_1 与 W_2。如果测试某相时灯泡不亮,则断线故障就发生在该相绕组中。

③若绕组为若干条支路并联,应先把每相绕组的各条并联支路的端部连接线拆开,再分别用校灯检测各支路两端(方法同△连接检验法),如图 4.6(d)所示。若灯泡不亮,表明断线故障就在这一支路。

说明:用校灯查找断路故障时,为方便安全起见,电源可用干电池,灯泡可用小电珠代替;若采用 220 V 交流电源时,要注意操作安全。

(3)电桥检查法

对于功率稍大的电动机,其定子绕组可能由多路并绕而成,当其中一路发生断路故障时,用万用电表和校灯难以判断,此时需用电桥分别测量各相绕组的直流电阻,阻值偏大的那一相可能有断股或支路断路,再分组寻找,便可查出故障线圈。

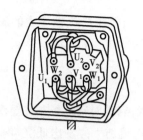

（a）将电动机接线盒拆开

（b）Y接法电动机检测接线

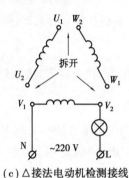

（c）△接法电动机检测接线

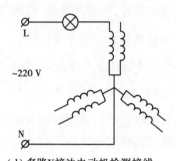

（d）多路Y接法电动机检测接线

图4.6　用校灯检查绕组断路故障

3）定子绕组断路故障的修复

断路故障的修复较简单,分为以下3种情形进行讨论。

（1）局部修复

若断路点焊头松脱,重新焊接并进行绝缘处理即可;若断路点在线圈端部,须将线圈适当加热软化后再进行焊接,并进行绝缘处理;若原导线不够长,可接上一小段相同线径的导线再焊接。

（2）面层嵌线

用此法可更换部分故障线圈。先将线圈加热到110 ℃左右,接下来的处理分单层绕组和双层绕组两种情况说明,如下所述。

a. 对于单层绕组,应迅速将损坏线圈拆除,并将原来压在故障线圈上面的那一部分绕组端部轻轻整理,留足新线圈面层嵌放的空位,把剩下的绕组整形,再换上新的槽绝缘,将新线圈嵌入槽内,刷漆、烘干即可。

b. 对于双层绕组,用同样的方法拆除故障线圈,然后补充适当的槽绝缘,若故障线圈边在下层,用长度等于定子铁芯高度的长铁片经铁芯槽口把保留的上层线圈边压到槽底,其面上留出嵌放新线圈的空位,将留下的线圈整好形后,放入新的层间绝缘,再将新线圈嵌入槽中;若故障线圈边在上层,更换方法与单层绕组相似。

（3）废弃故障线圈

废弃故障线圈是一种应急修理方法。将故障线圈切除,包好两端头绝缘,将相邻两线圈跨接串联起来,事后再采取补救措施。

任务二 鼠笼式转子故障的检查与维修

【任务描述】转子发生故障后,电动机带负载的能力明显下降,转速降低,定子绕组三相电流不平衡,同时还伴有周期性的"嗡嗡"声。通常,当转子导条断裂总数约占转子总槽数的 1/7 时,电动机便无法正常运行,空载启动困难,带负载时可能会突然停车。因此,转子故障的修复也是电动机修理的一个重要内容。

1. 鼠笼式转子故障的原因及后果

鼠笼式转子分为铜条转子和铸铝转子,其中铸铝转子使用较多,故此处以铸铝转子为例进行说明。铸铝转子的常见故障是断笼,包括断条(笼中一根或数根断裂,或有严重气泡)和断环(端环中一处或几处裂开)两种类型。产生的原因包括以下两方面:

①铸铝转子制造质量差,结构设计不良,引起缩孔、砂眼、夹层等毛病,电动机运行时间稍长就慢慢裂开。

②使用条件恶劣或使用不当,如启动频繁、经常正反转、过载等,使转子绕组电流过大,产生高温,而造成断条。

转子发生故障后,电动机带负载的能力明显下降,转速降低,定子绕组三相电流不平衡,同时还伴有周期性的"嗡嗡"声。通常情况下,当转子导条断裂总数约占转子总槽数的 1/7 时,电动机便无法正常运行,空载启动困难,带负载时可能会突然停车。

2. 鼠笼式转子故障的检查

检查鼠笼式转子故障的方法较多,常用的有下述两种。

(1)肉眼直接观察

对于有运行经验的工作人员,可以采用直接观察进行判断。先将电动机拆开,抽出转子,仔细查看转子铁芯表面,尤其是在端环与导条连接处,如发现有裂纹或过热、变色现象,即为断路故障处。

(2)用电流表检测

利用调压器,将电压值约为额定电压 10% 的交流电压加在定子绕组上。用手缓慢转动转子,并用电流表测量定子三相电流。若转子绕组正常,定子三相电流基本上稳定不变,仅有轻微摆动;若转子有断裂,电流表指针将产生幅度较大的周期性摆动。这种方法简单易行,但灵敏度不高,有时会因电动机气隙不均、磁路不对称引起错误判断,且不能准确找出故障点。

3. 鼠笼式转子故障的维修

鼠笼式转子故障的修理较困难,其修理方法有下述几种。

(1)更换转子

直接更换同一规格的新转子。

（2）局部补焊

若断条少，断裂处在外表面，可进行补焊。在笼条或端环的裂口两边用尖凿子剔出坡口或梯形槽，将转子用喷灯或氧炔焰加热到450 ℃左右，再以锡（63%）、锌（33%）和铝（4%）组成的焊料补焊。补焊完毕将多余焊料车去或铲去。

（3）冷接法

在裂口处用一只与转子铁芯槽的槽宽相近的钻头钻孔并攻丝，然后拧上一颗铝螺钉，再用车床或铲刀除掉螺丝的多余部分。如果鼠笼条断裂严重，裂纹或裂口较长，只拧入一颗螺钉还不能接好，可用尖凿在裂口处凿一矩形槽，再用一块形状、体积与矩形槽相似，尺寸稍大的铝块强行压入矩形槽里，并在铝块两端与原笼结合的地方钻孔攻丝，拧入铝质螺丝并除去多余部分即可。

（4）接条法

若电动机断条严重，且无法更换新的转子，可将原铝质鼠笼熔掉，换上铜质鼠笼。熔掉铝质鼠笼的办法是将原有的端环用车床车去，用夹具夹住转子铁芯，浸入浓度为60%的工业烧碱溶液中，经过6～7 h（若将烧碱溶液加热到80～100 ℃，腐蚀速度更快），铝条腐蚀后立即用水冲洗，再投入0.25%的冰醋酸溶液中煮沸15 min左右，以中和残留在铁芯上的烧碱，再投入清水中煮沸1～2 h后取出烘干。

熔铝后，将截面积等于转子槽形面积70%左右的铜条插入槽内，铜条必须顶住槽口和槽底，不能让其有活动余地；铜条两端伸出槽口20～30 mm，再将车好的端环按转子槽口位置对应钻孔，套在铜条上。铜条与端环之间用银焊或磷铜焊焊牢。

任务三　轴承故障的检查与维修

【任务描述】轴承发生故障时，不仅自身发热，而且影响电动机的运行性能，如使气隙不均匀、磁场不平衡等。应根据其故障的类型不同而采取不同的处理方法。

常见的轴承故障类型有：轴承外圈或内圈出现裂纹，滚珠有破碎，滚珠之间的支架断裂，轴承变色退火，滚道有划痕或锈蚀等。检查时，应查看其发热情况及运转情况，可用手触摸电动机油盖，若温度很高，手无法长时间接触，表明轴承可能损坏，应打开检修。此外，用听声音的方法可判断电动机轴承及其余部件运转是否正常。如图4.7（a）所示，用螺丝刀的一端触及轴承盖，另一端贴到耳朵上，如果听到的是均匀的"沙沙"声，则轴承运转正常；如果听到的是"咝咝"的金属碰撞声，则轴承可能缺油；如果听到"咕噜、咕噜"的冲击声，则轴承滚珠可能有破碎。图4.7（b）所示为将螺丝刀的一端触及吊环口，通过听声音判断是否有扫膛现象发生。

轴承故障的修复按其故障的类型不同，而采取不同的处理方法，如更换轴承、添加新的润滑油、重新装配等。

(a)判断轴承运转情况　　　　　(b)判断是否有扫膛现象发生

图4.7　用螺丝刀查听电动机运转的声音

任务四　其余部件的维修

【任务描述】电动机其余部件的故障概率虽然不及前述部件,但其故障后或多或少会对电动机的性能造成影响,因此应掌握其故障后的修复方法。

1.机座、端盖故障的修复

三相异步电动机机座和端盖大部分为铸铁件,若使用、搬运、拆装不慎,可能产生裂缝、破损。

①对于定子外壳产生的纵向或横向裂缝,若长度不超过相应长度或宽度的50%,可进行补焊。对于铸铁外壳,将其预热至700 ℃左右后,用铸铁焊条热焊,最好采用直流电焊机焊接。

②对于端盖的裂缝,同样可用铸铁焊条热焊。

2.转轴故障的修复

电动机的转轴支撑转子铁芯旋转,并保持定子与转子之间有适当的均匀气隙。电动机转轴的常见故障有弯曲、轴裂纹、断裂、轴颈磨损等。

(1)转轴弯曲

转轴弯曲可使转子失去动平衡,运转时产生较大的振动,严重时引起转子扫膛。轴的弯曲可以在电动机旋转时通过观察它的轴伸端跳动状况来分辨,不弯曲的轴不会跳动,弯曲越严重时跳动也越严重。通常情况下轴有很小弯曲是允许的,但若弯曲超过0.2 mm,则应进行校正。

(2)转轴断裂

此种情况通常应更换新的转轴。但若只是出现裂纹且其深度未超过轴颈的10%~15%,长度不超过轴长或圆周长的10%,可用堆焊修复。

（3）轴颈磨损

轴颈磨损将使转子偏移,增加电动机的异常振动,严重时造成转子扫膛。若磨损不太严重,可在轴颈上镀一层铬;若磨损严重,可用热套法修复。

3.铁芯故障的修复

铁芯的常见故障有铁芯表面损伤、铁芯松动、铁芯过热及齿根烧断等。

（1）铁芯表面损伤

首先将硅钢片用扁铜锉锉掉毛刺,修理平整,将连接的硅钢片分开,用汽油刷子洗净表面后,涂上一层绝缘漆。

（2）铁芯松动

可在机壳上另加定位螺钉把铁芯固定,或用电焊焊接牢固。

（3）铁芯过热

这种情况是由于片间漆膜老化或脱落而失去绝缘作用,使涡流损耗增大而产生的。是否需要修理应经温升试验后决定。注意拆散硅钢片时,必须对好定位孔,并保持原来的顺序。将需要刷绝缘漆的硅钢片去毛刺,用汽油洗净并烘干,然后在硅钢片两面涂绝缘漆,烘干后重新组装即可。

（4）齿根烧断

这种现象由接地故障引起。可将烧断的齿根去掉,清除毛刺并填绝缘胶。

复习思考题四

1.定子绕组短路故障分为哪些类型? 有哪些检查方法?

2.画出用校灯检查定子绕组断路故障的示意图,并说明检查方法。

3.定子绕组接地故障可由哪些原因引起? 会造成什么危害?

4.若定子绕组某相对地绝缘电阻值低于 0.5 MΩ,说明什么问题? 应如何解决?

5.鼠笼式转子故障的类型有哪些? 其故障会造成怎样的后果?

6.如何用螺丝刀查听电动机轴承的运转情况?

参考文献

［1］张小兰. 电机学［M］. 2 版. 重庆:重庆大学出版社,2007.

［2］孙克军. 电动机维修［M］. 北京:化学工业出版社,2010.

［3］熊幸明. 电工电子实训教程［M］. 北京:清华大学出版社,2007.

［4］高学民,等. 电机与拖动［M］. 济南:山东科学技术出版社,2009.

［5］张军. 电机维修入门［M］. 合肥:安徽科学技术出版社,2007.

［6］金续曾. 三相异步电动机使用与维修［M］. 北京:中国电力出版社,2003.

［7］龙飞文. 电机构造及维修［M］. 北京:中国劳动社会保障出版社,2007.

［8］马香普,等. 电机维修实训［M］. 北京:中国水利水电出版社,2004.

［9］大连电力技术学校. 电气设备检修工艺学［M］. 北京:中国水利电力出版社,1982.